La Singularité du vivant

Miguel Benasayag

La Singularité du vivant

Préface de Jean-Michel Besnier
Prolongement de Giuseppe Longo

Le Pommier

170 *bis*, boulevard du Montparnasse, 75014 – Paris
www.editions-lepommier.fr

ISBN : 978-2-7465-2541-2

A la magnífica Sara-Luna, que es una poderosa razón
de mas para amar y defender la vida

Avant-propos

Cinq ans après la publication de *La Singularité du vivant*, je constate avec le même étonnement que, contrairement à mes précédents travaux, cet ouvrage suscite des réactions quasi similaires, quel que soit le pays. En France, comme en Italie ou en Amérique latine où il a été traduit, elles témoignent de la globalité et de l'ampleur de la colonisation artefactuelle du monde et de la vie.

À l'époque où j'ai écrit ce livre, la doxa dominante affirmait qu'entre le vivant et la machine numérique n'existait de différence que d'ordre quantitatif. Simplement dissociés par des niveaux de complexité différents, ces deux mondes étaient supposés se placer dans une continuité non seulement de nature mais aussi de fonctionnement. « Tout est algorithme », prétendent aujourd'hui encore les idéologues de la technoscience : objets, matière, corps, cerveau ne seraient ainsi que sommes d'informations modélisables – modifiables et augmentables, par conséquent. Sans compter que, pour les tenants de cette nouvelle cybernétique, il va de soi que les modèles numériques – transparents, calculables et prévisibles – seraient plus vrais que le réel lui-même. Le monde et l'ensemble de ce qui existe se résumeraient finalement à un montage modulaire d'informations, constructible et déconstructible à l'envi. Quelle que soit l'absurdité de cette croyance en la toute-puissance du numérique, elle produit d'ores et déjà des effets, en formatant notre vision de l'humain. Car si rien ne vient distinguer qualitativement un organisme d'un artefact, l'existence même devient réductible à un fonctionnement parmi d'autres, susceptible d'améliorations, soumise à une pure logique de performance et d'efficacité. Or, aux yeux d'une majorité de nos contemporains, cette réification largement engagée du vivant et de la culture est loin d'apparaître comme un scandale. Bien au contraire, apprendre à « bien fonctionner » permet d'éliminer la fragilité, la négativité et toutes ces failles propres au vivant qui, à l'aune de ce « devenir machine », apparaissent comme autant de dysfonctionnements à corriger.

C'est pourquoi, si nous voulons avancer l'hypothèse d'une singularité du vivant non soluble dans le fonctionnement de la machine, nous ne devons pas chercher celle-ci dans des principes vitalistes, idéalistes ou spirituels. Face aux promesses d'au-delà des transhumanistes, nous n'avons aucune nouvelle transcendance à fonder. Le présent ouvrage vise ainsi à dégager un modèle organique intrinsèque au vivant, ne devant rien à un quelconque soubassement métaphysique. Contrairement aux prétentions des chantres de la dématérialisation, ce modèle ne se veut évidemment pas le double exact du vivant, précisément parce qu'il cherche à rendre compte des liens subtils organiques, non entièrement modélisables, qui sont au cœur de la singularité du vivant et de ce que nous avons nommé le « champ biologique ». Ce paradigme constitue donc plutôt une tentative de compréhension, non réductionniste et pourtant non dualiste, des rapports entre le vivant et la pensée articulée.

À vrai dire, il n'est guère besoin de recourir à de longues analyses pour comprendre que, depuis cinq ans, la colonisation du vivant et de la culture par les technologies algorithmiques n'a fait que s'amplifier. De ce point de vue, la pandémie de Covid-19 a joué un rôle paradoxal. D'un côté, elle a sans aucun doute contribué à accélérer l'emprise du monde numérique sur nos vies par le déploiement de nouveaux mécanismes du biopouvoir. Face à la menace, nos sociétés ont été plus que jamais tentées de se réfugier dans le fonctionnement rassurant de la technique et de la discipline. L'incertitude renforce ce désir pathologique de se fondre dans son propre profil. De l'autre, la crise sanitaire est venue nous rappeler, de façon certes catastrophique et sous la forme de la menace, que les corps résistent encore à se laisser totalement déplier. Les escrocs du transhumanisme qui prétendaient vaincre la mort ont forcément mal vécu le fait qu'un simple virus suffise à mettre à genoux l'humanité entière. Faute de promettre l'immortalité, ils se réfugient aujourd'hui dans des projets aussi compliqués que stupides qu'une vie au-delà des corps dans le métavers.

La crise sanitaire nous aura au moins permis d'expérimenter les limites d'une relation virtualisée. Un monde sans corps, sans contacts, sans liens configure un monde sans désirs et sans affinités, débarrassé de l'épaisseur du présent, où il devient tout bonnement impossible de produire un imaginaire partagé. Or, dans une époque chargée de menaces, l'urgence est bien d'explorer les possibles qui seront les nôtres – et non pas ceux de la machine – et d'imaginer de nouvelles voies d'actions face aux défis qui se déclinent dans les différentes situations de notre vie. Décoloniser le vivant et la culture de l'artefactualisation ne passe certainement pas par une position technophobe, mais par le développement d'expériences capables d'une véritable hybridation. Un métissage où le monde du vivant, qui est celui du sens, s'émancipe de l'utilitarisme de la machine pour expérimenter ses propres possibles.

Préface

Jean-Michel Besnier

La technique prétend digitaliser la vie, la réduire à de l'algorithme, la décomposer en métabolismes et organes bientôt remplaçables. Contre cette montée en puissance d'un mode de vie postorganique, résultant de l'arraisonnement de la biologie par la technique, Miguel Benasayag lance un appel à la résistance : le réductionnisme des sciences et des techniques nie les invariants structuraux et fonctionnels du vivant. Or ces invariants expliquent précisément que tout ne soit pas possible avec ce qui vit.

Contre ce que laissent croire les technosciences, qui encouragent à une dramatique désinhibition, Miguel Benasayag objecte un système, qu'il a baptisé « Mamotreto ». Le choix de ce mot espagnol est étrange, déroutant, irritant même. On le traduit en français par « N'importe quoi », « Salmigondis » ; on s'en sert pour désigner ce qui est inutile et encombrant, ce qui est indigeste (un gros bouquin, par exemple). Je lui vois un équivalent dans l'italien *roba*, et l'usage du mot que l'on trouve dans la nouvelle du Sicilien Giovanni Verga. Bref, « Mamotreto » qualifie chez Miguel Benasayag un système qui ne peut qu'être ouvert et chaotique, imprévisible et incontrôlable, surprenant et intranquille. Bref, c'est la vie qui s'y déploie, « la singularité du vivant », qui échappe à l'enfermement dans les dogmatismes de tout poil. Mais c'est d'un système organisé qu'il s'agit tout de même, car Miguel Benasayag n'est ni vitaliste ni spiritualiste, et il n'a pas le culte de l'irrationnel. À vrai dire, le vivant n'est pas « n'importe quoi », et sa singularité ne tient pas au fait qu'il échapperait au concept. Ce serait trop facile, et complétement inutile.

Miguel Benasayag partage avec les présocratiques soucieux d'organiser la nature selon une composition raisonnée de ses éléments (eau, terre, feu, air), ou bien selon des principes à la fois unifiants et conflictuels (le même et l'autre, l'être et le devenir...), le goût des grands systèmes d'explication du monde. Il échappe pourtant à la vaine spéculation, en affichant une philosophie qui implique les idées dans les contextes et les conflits générés par notre époque. La dislocation est l'un de ses « mots-mana », comme aurait dit Roland Barthes : il exprime avec lui sa nostalgie du « tout qualitatif », aujourd'hui disloqué, et sa volonté d'en découdre avec la physicalisation et la digitalisation de l'humain. L'interrogation qu'il soumet ici au lecteur concerne la vie, considérée comme « un phénomène de contexte » et menacée d'être réduite à l'élément indifférencié d'un « monde Lego », sans frottement ni rupture, sans articulation avec un environnement conflictuel et structurant, étranger à la différence entre le possible et le réel.

À sa façon, Miguel Benasayag propose en effet avec le Mamotreto une cosmogénèse ou, en tout cas, une organogénèse, qui permet de penser la singularité du vivant. Dans son système, il y a trois étages qu'il faut parcourir en partant du milieu. C'est toujours ainsi qu'on évite les illusions du commencement absolu ou celles que Gilbert Simondon associait à l'hylémorphisme des systèmes métaphysiques : parce que le monde est un processus, on l'aborde nécessairement dans le mouvement, en le prenant en marche ; il est toujours déjà là et exposé à devenir autre.

Trois étages, donc : au centre, le « champ biologique », qui s'étaye, en bas, sur les « processus physico-chimiques » (les « agrégats ») et qui se traduit, en haut, dans des productions symboliques et culturelles (des « mixtes »). L'organicité résiste à l'artefact auquel les technologies voudraient la réduire, tant qu'elle demeure capable de faire chorus avec les agrégats et les mixtes qui la bordent sans la limiter. De ce point de vue, on imagine l'absurdité du transhumanisme qui vise la construction d'un monde et d'un homme « postorganique », c'est-à-dire voué au virtuel et dépourvu de corps… Je n'ai pas l'intention de commenter ici ce Mamotreto qui restitue le vivant à sa dynamique et le décrit dans un contexte de transduction permanente. Je dirais seulement combien est suggestive, selon moi, cette manière de défendre l'unité du vivant en la montrant toujours en conflit avec ce qui voudrait la geler et la disloquer. Le Mamotreto dissout ces prétentions, en refusant la rationalité analytique qui grève les sciences du vivant, et il argumente un thème que Francisco Varela avait développé dans son approche « énactive » des phénomènes vitaux : en biologie, on ne construit pas le complexe à partir du simple, car il n'y a ni simple ni élément isolé, mais toujours interaction et couplage structurel, perturbation et rétroaction de systèmes. Miguel Benasayag considère en ce sens comme un invariant le fait que les molécules constitutives du vivant soient soumises à un processus de « double contrainte », qui les conduit à participer à chacun des niveaux du Mamotreto. Elles obéissent pour une part au mécanisme de leur fonctionnement endogène, et, pour une autre part, aux contraintes de l'organisme qui les capture et les intègre. C'est par là qu'on dissocie nécessairement la vie des artefacts qui prétendent l'imiter : il n'y a rien d'élémentaire ni d'isolable dans la première, et, en l'ignorant et en multipliant les seconds, les technosciences sont proprement mortifères. Avec le Mamotreto, Miguel Benasayag invente le modèle d'explication propice à ruiner l'entreprise visant à faire advenir un postorganique ou, si l'on préfère, un posthumain.

La singularité du vivant tient donc à l'interface conflictuelle qu'il est contraint à observer, essentiellement à celle qui l'attache à la multiplicité des agrégats physico-chimiques et à celle qui l'oblige à se débattre dans le contexte culturel où règnent les mixtes. Je suis sensible à la portée quasi poétique de la description du vivant immergé dans des contextes soumis au télescopage de rythmes et de rites – des rites qui stabilisent provisoirement, comme le font les institutions et les narrations idéologiques, et des rythmes qui bouleversent en restituant la vie à son chaos créateur. Cervantès, Borgès ou Artaud ne sont pas cités par hasard dans cette odyssée de la vie telle qu'elle résiste à la simplification technologique. À lire Benasayag, on se convaincra au passage de l'aberration consistant pour l'homme moderne à vouloir se débarrasser des rites (sociaux) et pour l'homme hypermoderne à étouffer les rythmes (biologiques).

La Singularité du vivant est un livre enthousiasmant et, m'efforçant moi-même de porter le fer contre les avatars de la déshumanisation, je partage le sentiment d'urgence qui le porte : ce qu'il donne à comprendre ouvre la perspective d'une résistance créative, de celle dont Miguel Benasayag a déjà livré nombre de formules[1], la promesse également de « nouvelles radicalités », elles aussi tôt annoncées par notre auteur[2]. Irais-je jusqu'à avancer que *La Singularité du vivant* clôt aujourd'hui une philosophie esquissée il y a une trentaine d'années ? Assurément pas, car le Mamotreto ne saurait mettre un point final à quoi que ce soit ; il est par définition ouvert et hostile aux dogmes. S'offrant comme un modèle théorique, il n'en est pas moins une machine de guerre contre l'absurde ambition contemporaine d'en finir technologiquement avec la vie. N'en doutons pas, ce livre se révélera nécessaire pour donner corps à l'offensive contre les technoprophètes du transhumanisme. Plus largement, il répond à l'impératif de saper les nouvelles aliénations et le mal-être, entretenus par les illusions du « tout-informationnel » et les vertiges de la dématérialisation. Une philosophie de combat, exempte de mysticisme et d'irrationalisme, mais bel et bien engagée dans la compréhension de ce qui nous menace – voilà ce qui nous est offert par Miguel Benasayag.

En guise de lancement

> La philosophie doit se constituer comme la théorie de ce que nous faisons, non pas comme la théorie de ce qui est.
>
> Gilles Deleuze, *Empirisme et subjectivité*

Entre le vivant et l'appareil, entre l'intelligence artificielle et l'intelligence animale, entre la vie artificielle et la vie tout court, nos contemporains paraissent désormais ne plus poser de différences. Une nouvelle promesse émerge, qui réactualise, par les moyens de l'informatique et de la robotique, les eschatologies les plus obscurantistes. Depuis la Silicon Valley, de nouveaux démiurges nous font miroiter des existences libérées de toute limite, même de la mort. À une condition, toutefois : abandonner nos corps, pour enfin accéder à la vraie vie, transcendée dans des circuits en silicium.

Dans un bonheur sans partage, les hommes et les femmes devraient bientôt se promener avec des amis robots fidèles, intelligents, parfaitement adaptés à leur goût et à leurs caprices... Des amis, en somme, qualitativement supérieurs à ceux de jadis, avec qui nous entretenons des rapports nécessairement fragiles, changeants et aventureux. Selon cette vision purement linéaire et quantitative du désir, augmenter les performances, la vie, l'homme, semble aller de soi, rendant par là même obsolète toute question du sens.

Loin de toute position passéiste, nous pensons qu'il est aujourd'hui nécessaire d'étudier rationnellement ce qui, dans la complexité propre au vivant et à la culture, n'est pas réductible au modèle informatique dominant. Un tel travail implique également de comprendre qu'en assimilant les processus du vivant aux processus digitaux, en assénant que tout est information, on ignore, et surtout on écrase des dimensions du vivant et de la culture qui ne sont pas réductibles en unités élémentaires d'information. Nous devons comprendre que, loin de représenter un simple ensemble de techniques au service de l'humanité, les algorithmes, les robots et les big data configurent une vision du monde qui n'est certainement pas aussi objective qu'on nous l'affirme. Ils ne sont pas la réalité, mais seulement une réalité.

Le travail présenté ici ne vise pas à construire un « modèle » dans le sens où les mathématiciens utilisent ce concept. Il se veut plutôt une contribution à l'élaboration d'un autre regard par rapport au paradigme aujourd'hui dominant : à l'heure où l'on assiste à une assimilation forte entre le vivant et l'artefact, il est important de se questionner sur une nouvelle altérité possible. Autrefois, l'autre de l'humain était la nature, et l'autre de la création, le créateur. Dès lors, pour notre époque, la question devient : quel serait aujourd'hui l'autre d'une vie et d'une humanité de plus en plus capturées et modifiées par les processus technoscientifiques ?

Ce livre entend ainsi participer à la production d'un nouvel imaginaire, non pour l'opposer à l'analyse rationnelle, mais bien parce qu'au départ de toute conceptualisation rationnelle comme de toutes pratiques se trouve une intuition, un point de vue, un cadre de pensée. Ce nouvel imaginaire n'est ni technophile ni technophobe ; il veut nous permettre d'envisager un mode d'hybridation entre la technique et la vie qui n'écrase pas la singularité du vivant. Il souhaite nous inciter à faire cette expérience qui consiste simplement à se demander : « Si je regarde les choses avec cette autre perspective, quels sont les nouveaux possibles qui se déploient ? »

Nous postulons qu'il existe une singularité irréductible du vivant dont dépend l'existence même du monde dans lequel nous vivons. Par le terme « singularité », nous désignons ici une unité agissante, qui s'autoconstitue comme un universel concret, où le tout existe dans chaque partie. Le vivant coévolue déjà avec la technique ; il s'hybridera certainement encore davantage avec les produits issus des nouvelles technologies, et ce de manière irréversible. Pour nous, il y a là un défi à relever. Car cette hybridation pourra s'opérer selon deux voies possibles : celle de la colonisation du vivant par la machine, ou celle de la colonisation et de l'utilisation de la machine par et pour le vivant. La « singularité » que nous tentons de penser ici permet d'imaginer le chemin que pourrait suivre cette hybridation si elle s'effectuait en protégeant la vie. Elle s'oppose donc à ce que les transhumanistes, déclarés ou honteux, appellent « singularité », c'est-à-dire à la production d'une vie postorganique. Par-delà ces assimilations illusoires entre vie et machine, entre intelligence et calcul, entre affect et prothèse, il s'agit pour nous d'établir une altérité nouvelle et radicale entre l'organisme et l'artefact.

Dans cette époque qui renoue avec un certain animisme, où l'inerte fait partie du sujet qui agit, nous devons nous rappeler cette phrase de Gilles Deleuze à propos de Michel Foucault : « Quand le pouvoir devient biopouvoir, la résistance devient pouvoir de la vie. »

INTRODUCTION

Il y a des corps

Il nous est donné de vivre, à nous, les femmes et les hommes, mais aussi aux animaux et aux plantes – sans oublier les mers et les montagnes –, une époque très particulière, inquiétante autant qu'exaltante. Après avoir longtemps voulu oublier notre appartenance au monde, après une longue période pendant laquelle nous, les humains, avons rêvé (ou cauchemardé) que nous étions des *sujets* séparés d'une nature-*objet*, voilà que le monde se rappelle à nous. Il paraît que l'activité de l'une des espèces terrestres, la nôtre, aurait modifié l'ensemble des cycles et des processus climatiques, écologiques et géochimiques de la planète, à un tel point que celle-ci en porterait déjà les traces jusque dans ses archives géologiques. Dans ce qu'on appelle l'« Anthropocène », l'époque géologique produite par les humains, ce qui est en jeu n'est plus la place de l'humain, mais plus directement l'avenir de la vie même sur terre.

L'incertitude, la complexité, la fragilité font irruption au cœur même du devenir de la planète et nous poussent enfin à voir que nous partageons avec elle un destin commun, que nous ne pouvons ni penser ni agir séparément, et que la responsabilité du vivant s'étend à l'ensemble du vivant lui-même. L'exil de la modernité peut finir, l'homme peut rentrer à la maison, rejoindre l'*oïkos*, ce foyer qu'il n'avait jamais vraiment quitté mais qu'il a pourtant maltraité, en le considérant comme un territoire noir à conquérir dans une lutte entre deux puissances.

Il ne faut pourtant voir là ni un réveil, ni une prise de conscience, ni une révélation, mais plutôt un changement de point de vue, de dispositif – de paradigme. Cette ouverture fragile, délicate et subtile, qui convoque le vivant, se voit pourtant menacée dans le même temps par ce qu'il faut bien appeler une tendance réactionnaire, qui tend à saturer, à murer cet horizon qui s'ouvre à peine.

« Le sens est mort, vive le sens ! »

Pour comprendre, en partie, comment nous sommes parvenus à ce point, il est nécessaire de constater que l'objectif historique de la modernité – que l'homme devienne son propre messie, prophète et sauveur – a connu un moment d'arrêt violent qui, historiquement, commence aux alentours de 1900 dans les sciences et les arts pour se poursuivre politiquement comme socialement dans les années 1980 (nous y reviendrons dans le premier chapitre). On pourrait penser que, lorsque le mythe central d'une culture, c'est-à-dire ce qui structure ses pratiques et ses modes de vie, s'effondre, la première réaction de ses contemporains soit de marquer un temps d'arrêt. Le bon sens voudrait que, perdu au milieu de l'obscurité et comprenant que cartes et boussoles ne fonctionnent plus, on s'arrête pour évaluer la situation et étudier comment on en est arrivés là. Mais les choses, comme nous pouvons le constater, ne se sont pas passées ainsi.

Bien au contraire, on peut parler d'une rencontre « catastrophique », au sens que René Thom donne à ce concept, entre d'une part cette civilisation orpheline de ce fameux « sens de l'histoire », le sens du progrès, et, d'autre part, les techniques numériques, qui possèdent une spatialité et une temporalité propres mais aussi un sens propre : celui de l'« augmentation ». Par « augmentation », nous devons comprendre cette nouvelle promesse que l'humanité se fait une nouvelle fois à elle-même d'atteindre une puissance illimitée, au-delà des limites des corps et du vivant. Dès lors, peu importe la question du « sens ». Car il va de soi que seule la quantité compte.

Notre petite humanité n'aura ainsi pas eu le temps de « faire son deuil » des promesses et des idéaux de la modernité qu'elle s'est retrouvée, sans solution de continuité, dans ce que Michel Foucault appela l'« hypermodernité[1] ». « Le sens est mort, vive le sens ! » Et le nouveau sens est, comme nous le verrons, un sens unique, sans place pour les doutes, les conflits, l'altérité et la multiplicité.

Le monde de la recherche, comme celui de la nouvelle économie numérique, ne cesse aujourd'hui de nous expliquer que la puissance des humains connaît une croissance jamais vue ni même rêvée jusqu'ici. Une nouvelle version de *Faust*, postmoderne et technologique, nous propose des pactes sulfureux : il est désormais question de dérégulation et d'augmentation des mécanismes du vivant, de la possibilité de vivre mille ans, voire de devenir immortels ! Parmi la variété des projets et des recherches actuels, nombreux sont ceux qui partagent comme horizon commun rien de moins que la production d'une vie « postorganique ». Une vie qui ne serait plus limitée par les contraintes et les cycles propres au vivant. Or ces promesses de toute-puissance[2], qui nous font miroiter des pouvoirs divins à la portée de toutes les bourses (don d'ubiquité, information sans limites en dehors de toute expérience concrète, divertissement permanent…), ignorent dangereusement la différence que Kant établit entre « borne » et « limite ». Le propre de tout organisme vivant est certes de produire et d'expérimenter de nouveaux possibles, mais encore faut-il qu'à chaque situation, à chaque expérimentation, des limites existent : elles sont la condition même de toute production de possibles. Les bornes, en revanche, sont précisément ce qui empêche le déploiement de la puissance d'agir, c'est-à-dire, en réalité, l'exact contraire des limites. Dans la *Critique de la raison pure*, Kant explique, en référence à Platon, que nous sommes facilement séduits par la puissance de la Raison au point de ne plus voir de limites, ou bien de considérer celles-ci comme des bornes à abolir – nous dirions, aujourd'hui, du « bruit à éliminer ». Platon inspira ainsi cette métaphore au philosophe allemand :

> La colombe légère, quand, dans son libre vol, elle fend l'air dont elle sent la résistance, pourrait se représenter qu'elle réussirait encore bien mieux dans l'espace vide d'air. C'est ainsi justement que Platon quitta le monde sensible, parce que celui-ci impose à l'entendement de si étroites limites, et qu'il s'aventura au-delà de celui-ci, sur les ailes des Idées, dans l'espace vide de l'entendement pur[3].

À la force des Idées du philosophe grec, écrit Kant, s'oppose fatalement le fait que dans ce monde vide, sans frottement, il ne trouvera pas de « point d'appui » qui lui permettrait de « changer l'entendement de place », en suivant les changements propres à la vie. Sans contact avec aucun réel, il ne saurait être qu'impuissant ou tyran. Ainsi, pour Platon, le monde des corps sera ce monde corruptible dans lequel des simulacres se déplacent. De la même manière, ceux qui rêvent aujourd'hui d'un monde postorganique considèrent le monde des organismes et de la vie comme celui des simulacres corruptibles s'opposant au monde « réel » et hors-sol des artefacts digitaux, qui nous offrirait enfin des vies sans limites… Finalement, les promesses du monde digital ne font rien d'autre que réactiver cette haine de la vie, et ce vieux désir d'au-delà que les anciennes métaphysiques avaient depuis toujours formulé.

Machine digitale, biologie et hybridation

Il faut bien saisir ce qu'a représenté, pour notre époque, la rencontre entre la machine digitale et la biologie, dans la recherche comme dans les pratiques cliniques au cours des années 1970. Grâce aux machines de l'imagerie digitale, nous avons pu observer le fonctionnement du cerveau « en direct », et identifier les circuits, les connexions et les régions qui se mettent en branle quand nous pensons, rêvons, aimons, etc. Et, progressivement, la biologie a elle aussi largement adopté ce que l'on peut appeler la « paillasse sèche digitale ».

La visualisation et l'identification des circuits biologiques nous ont permis de cartographier ce que l'on nomme des « fonctions » – cérébrales, biologiques, physiologiques – nous donnant ainsi la possibilité d'agir au cœur des processus de la vie. Il n'en reste pas moins que si la modélisation digitale nous donne effectivement accès à une somme considérable d'informations sur les mécanismes biologiques, elle passe totalement au travers de la question de la vie, en tant qu'unité – puisqu'elle s'actualise dans chacune des formes qu'elle produit, sans jamais suivre un programme qui lui serait extérieur – et en tant que singularité – puisqu'elle possède, comme nous le verrons, des invariants irréductibles à toute modélisation. Voilà pourquoi, de notre point de vue, il est fondamental de s'interroger sur cet aspect de la recherche actuelle. Car le réductionnisme physicaliste aujourd'hui dominant, qui considère que tout processus est compréhensible grâce aux seules lois de la physique, risque fort d'écraser les singularités propres au monde biologique, de mettre à mal ce qui constitue le vivant lui-même, et donc nos possibilités même d'agir et d'aimer, de désirer et de penser. D'autant que ces singularités tendent à être définitivement éclipsées par la digitalisation.

Or si le monde digital relève du registre de la prévisibilité et de la calculabilité, qui est son cœur même, le monde du vivant, lui, se caractérise par une très forte variabilité et une infinie diversité. Le vivant modifie en permanence son milieu et se transforme lui-même dans le même temps. Mais depuis cette rencontre entre les artefacts digitaux et le vivant, nous faisons « comme si » celui-ci ne possédait pas d'invariants et de singularités propres, c'est-à-dire non réductibles au monde de la machine.

Un organisme se comporte pourtant comme un jeu dont les règles changent au fur et à mesure qu'il se développe. Et les parties qui le composent, contrairement à l'hypothèse actuelle de la biologie moléculaire, n'existent que par rapport à l'ensemble de l'organisme, étant sans cesse soumises à des contraintes épigénétiques. Nous ne vivons pas, contrairement à ce que promeuvent nombre de recherches actuelles en biologie, dans un « monde Lego », un monde structuré selon une logique *bottom-up*, c'est-à-dire de bas en haut, où des parties élémentaires simples s'agenceraient pour parvenir aux organismes vivants.

L'hybridation entre le vivant et les artefacts digitaux est déjà là. Il suffit de penser à la dépendance neurologique au GPS, ou encore aux conséquences de l'utilisation des Smartphones sur les cerveaux. Et j'ai tenté récemment de montrer à quel point les traces des modifications qu'elle provoque dans nos corps et nos cerveaux sont visibles[4]. Ces transformations sont à la fois culturelles, biologiques et écologiques. C'est pourquoi personne ne peut aujourd'hui se placer dans une position imaginaire qui consisterait à se demander si l'on accepte ou non cette hybridation. Nous ne pouvons pas regarder le futur dans un rétroviseur, regrettant un passé en partie illusoire, pour justifier notre crainte, voire notre paresse, à penser et à agir dans la complexité actuelle. Pour autant, nous ne devons pas non plus nous abandonner à la fascination de cette fuite en avant techniciste, en faisant l'économie d'une vision critique et sérieuse de tous les phénomènes qui changent actuellement l'ensemble de la planète.

Si nous pensons l'hybridation comme un phénomène pris entre deux pôles, un premier constat s'impose : dans les processus d'hybridation « vivant/culture », qui ont lieu à travers les artefacts numériques, le pôle « artefactuel » est le seul dont on tienne compte, en suivant une hypothèse (que nous contestons) d'après laquelle le vivant et la nature fonctionnent selon les mêmes cycles, les mêmes lois et les mêmes normes que les artefacts digitaux. On connaît déjà le refrain : puisque tout est information, nous pouvons – dès aujourd'hui, sinon demain – recueillir la totalité de l'information qui constitue un être vivant – ou le cerveau d'un humain – pour la reproduire sur d'autres supports matériels et ainsi modifier et augmenter le vivant.

Ajoutons que non seulement une telle conception ignore l'existence d'une essence structurellement et profondément différente du vivant et de l'artefact, mais, pire encore, elle affirme par là même que, la nature du vivant correspondant profondément à celle du monde digital, celui-ci pourrait – et devrait – corriger, augmenter et finalement dépasser le monde organique.

Il est important de préciser que, dans les pages qui suivent, nous utiliserons le terme « information » dans le sens de la « théorie de l'information », tel que l'a formalisé Claude Shannon : une mesure quantitative tout à fait déliée à la fois du contenu et du sens du message émis, et du support physico-chimique sur lequel elle circule. C'est pourquoi toute modélisation reposant sur l'information dans le sens que nous évoquons n'a ni vocation ni prétention à aucun isomorphisme avec l'objet ou le message à l'origine du modèle. Dans cette acception, l'information correspond à une mesure de même nature que le poids ou la longueur ; elle évoque une quantité précise sans rapport avec l'objet physico-chimique en question : 1 kilogramme de plume ou 1 kilogramme de plomb, 1 mètre d'asphalte ou 1 mètre de saucisse... La théorie de l'information, qui est en réalité une théorie du code, va s'imposer dans la période de l'après-guerre comme l'un des fondements de l'informatique et des techniques digitales qui transformeront profondément notre vision du monde, au point d'ontologiser « l'information » (tout serait algorithme).

La technologie digitale doit apprendre à cohabiter avec son autre, le monde de la vie et de la culture, pour que l'on puisse développer enfin une hybridation qui en soit réellement une, c'est-à-dire entre *deux pôles différents*. Pour ce faire, l'une des conditions que doit accepter le pôle technologique est sans doute que, dans le monde organique, le présent ne peut jamais être entièrement représenté et encore moins modélisé. *Il y a des corps* : tel pourrait être l'axiome central de la recherche et ce avec quoi l'hybridation doit compter.

Comme nous le verrons, nous reconnaissons comme organismes tous les êtres vivant en coévolution avec leurs écosystèmes. Nous désignons également par ce terme un ensemble de macroorganismes non vivants qui se comportent de façon organique sans toutefois posséder les deux caractéristiques privatives du vivant : *autopoïésis* et reproduction. À ce titre, une langue, une ville et même la macroéconomie constituent autant d'exemples de fonctionnements « mixtes », c'est-à-dire de systèmes qui fonctionnent comme des organismes mais dont l'existence dépend du milieu vivant. Il y a là aussi urgence à comprendre le caractère organique, non modulaire, c'est-à-dire non agrégatif de manière mécanique, de nos cultures, de nos rites et de nos rythmes, qui, à l'instar du vivant, sont aujourd'hui disloqués et traités comme des parties simples à agencer selon des intérêts extra-organiques.

Le « Mamotreto » ou pourquoi il est nécessaire de penser les invariants propres du vivant

Notre époque, celle des grandes découvertes et inventions, est indubitablement marquée par des connaissances nouvelles et incroyables sur les mécanismes du vivant.

Grâce à des techniques comme la biologie moléculaire ou l'imagerie médicale, nous avons désormais le sentiment vertigineux de pouvoir enfin percer les secrets de la vie. Or, aujourd'hui, il nous faut bien constater que ces découvertes, fondées sur une dislocation et un réductionnisme nécessaires à la recherche scientifique, ont au passage éclipsé toute possibilité même d'évoquer le « vivant » et la « vie ». Ce que nous considérons comme les mécanismes du vivant, tout en désacralisant la vie et en ouvrant la voie à des actions de modification, de réparation, d'« augmentation », méconnaît en réalité ce qu'il nous faut bien appeler les « invariants propres du vivant ». Identifier leur mode de fonctionnement est aujourd'hui d'autant plus urgent que leur méconnaissance, produisant l'illusion d'un « tout est possible », met en péril le vivant même.

Parmi ces invariants, citons d'emblée l'hérédité avec modifications et la diversité. Évoquons aussi dès à présent que l'unité propre aux organismes est structurée par un axe intensif qui organise en permanence l'autoproduction et la perte des parties extensives – les organes, les membres, tout ce que l'on peut peser et mesurer. Et, surtout, mentionnons ce que nous nommerons la dynamique de la « double contrainte », selon laquelle toute partie d'un organisme entretient un rapport dynamique avec le tout, et est donc toujours déjà complexe, ce qui constitue à la fois un invariant central et, dans notre hypothèse, le « plancher » même du vivant. Le « Mamotreto » est ainsi une proposition, un effort qui entend poser les bases théoriques d'un nouveau modèle organique capable d'évoquer le fonctionnement du vivant en tant qu'ensemble intégré, et non réductible aux éléments et aux processus qui le constituent.

Pour autant, il ne s'agit certainement pas d'un modèle qui chercherait à montrer à la biologie moléculaire ou à la biologie de synthèse « ce qu'elles n'ont pas vu ». Pour que le concept de vivant puisse à nouveau avoir droit de cité dans le champ de la pensée scientifique, nous devons évoquer le vivant en tant qu'effet de contexte. La vie n'est pas la somme de chaque processus du vivant, ni de chaque être vivant, ni même de chaque espèce. Elle est toujours un effet de contexte, ce qui dans le Mamotreto apparaît comme le « champ biologique ». C'est le cercle dont la circonférence n'est nulle part et le centre partout. Claude Bernard ne disait finalement pas autre chose :

> Les propriétés des corps vivants ne se manifestent que par des rapports de réciprocité organique. Une glande salivaire, par exemple, n'existe que parce qu'elle est en rapport avec le système digestif, et que parce que ses éléments histologiques sont dans un certain rapport entre eux et avec le sang ; supprimez toutes ces relations en isolant par la pensée les éléments de l'organe les uns des autres, la glande salivaire n'existe plus[5].

Le Mamotreto est ainsi une tentative pour répondre à ce défi central de notre époque : donner un cadre rationnel à l'évocation d'une dimension propre au vivant. Nous faisons partie de ceux qui pensent que, dans un monisme de la substance, il existe pourtant des dimensions et des niveaux d'organisation non réductibles les uns aux autres, qui ont besoin de leur propre théorie – ce dont se prive le réductionnisme physicaliste radical ambiant. Lorsque nous évoquons, par exemple, l'existence d'une barrière dynamique entre le neural et le mental, cela n'implique absolument pas une nouvelle adhésion à un quelconque spiritualisme dualiste qui postulerait une instance supérieure, l'âme humaine, séparée du corps, mécanique.

Nous nous inscrivons entièrement dans le principe de l'éthique spinoziste selon lequel « l'homme n'est pas un empire dans un empire ». Ainsi, pour Spinoza, le moniste absolu, la substance possède au moins deux attributs : l'étendue et la pensée, qui sont irréductibles l'une à l'autre, sans pour autant conduire à un dualisme de type cartésien.

Dire que le vivant repose sur un ensemble d'invariants et sur un fonctionnement dynamique qui en constitue un plancher phénoménologique (avec lequel la recherche devrait compter) ne revient pas à affirmer une position symétriquement opposée à celle d'une recherche réductionniste. Le vivant se manifeste comme une tension et un défi qui évoquent les inévitables insuffisances de tout « modèle positif » par rapport à une négativité pour ainsi dire toute gödelienne (voir chapitre II). Il s'agit, d'une certaine manière, d'énoncer avec les mots de notre situation historique ce qui depuis toujours existe sous la forme d'un conflit permanent entre d'une part ceux qui pensent que les éléments représentables et modélisables du phénomène pourraient constituer le tout du phénomène, et, d'autre part, ceux qui, depuis toujours, en commençant certainement par Héraclite l'obscur, évoquent la dynamique non pas comme un élément de plus qui participe du phénomène, mais comme une tension permanente, propre à tout processus organique. Parler du vivant exige de se positionner par-delà tout vitalisme et tout mécanicisme. Dans l'élaboration du Mamotreto, nous choisissions ainsi de suivre le pas et le sens ouvert par Claude Bernard : « [...] le phénomène vital seul existe avec ses conditions matérielles, et c'est là la seule chose qu'il [le physiologiste] puisse étudier et connaître[6] ».

CHAPITRE PREMIER

Par-delà mécanicisme et vitalisme, la différence radicale entre un organisme et un artefact

À l'origine de ce travail, cette question centrale d'un point de vue historique : ce qui caractérise notre époque, c'est la déconstruction, voire la rupture de tout lien. Toute l'histoire du XXe siècle a en effet été fortement marquée par la déconstruction des formes et des archétypes qui avaient structuré la modernité occidentale.

Au tournant des XVIe et XVIIe siècles, Johannes Kepler avait clairement posé les bases du projet de cette modernité : la seule différence entre Dieu et l'homme réside dans le fait que celui-ci ne connaît pas encore tous les théorèmes. « Pas encore » : voilà la temporalité dans laquelle devait s'accomplir la connaissance de la *mathesis universelle*. Puisque le monde était structuré par des lois mathématiques, leur découverte conférerait à l'homme la maîtrise universelle du réel – ce ne devait être qu'une question de temps. Mais à partir des années 1900, on assiste précisément à l'éclatement de cette *mathesis universelle* et, par là même, à l'inauguration d'une époque placée sous le signe de la désarticulation et de la déliaison de toutes les structures : il n'y a plus d'harmonie sous-jacente à découvrir. Cette désarticulation commence symboliquement et objectivement au cœur des mathématiques.

« Nul n'est maître dans sa propre maison »

Lors du deuxième Congrès international des mathématiciens organisé à Paris, en 1900, David Hilbert, un mathématicien allemand, énonce la rupture des fondements de l'arithmétique. La crise est ouverte. Elle ne concerne alors que le noyau dur de la logique. Et, bien qu'à l'époque, le débat ne dépasse pas le petit cercle de l'élite scientifique européenne, la déconstruction du paradigme de la modernité, selon lequel tout était connaissable par l'homme, connaîtra un véritable effet domino. La crise touchera la physique, qui, en abolissant les limites entre la matière et l'énergie, fera douter de l'existence même de la matière. Le physicien allemand Werner Heisenberg démontra en effet de façon très claire qu'il faudrait dorénavant compter avec un non-savoir structurel au cœur de tout savoir. Ce « principe d'incertitude », très commenté, connaîtra une postérité qui s'étendra bien au-delà de ses origines.

Une vingtaine d'années plus tard, les deux théorèmes d'incomplétude de Gödel confirment à nouveau l'impossibilité d'un savoir complet et totalisant. Cette seconde déconstruction excédera, là encore, très largement le noyau dur de la logique arithmétique et de la physique. Dans un temps très court, l'onde de choc se propage dans toutes les dimensions des activités artistiques, scientifiques, historiographiques et bien sûr aussi psychanalytiques. Dans les années 1920, le professeur Freud confirmera que la conscience, avec ses tentations d'orienter la vie de façon rationnelle (« penser bien pour faire le bien »), est plus que limitée. Aux souhaits kantiens, qui promettaient à l'humanité d'accéder à un âge de raison, « un âge de majorité », tout paraissait alors répondre par la négative. À cette idée d'une conscience toute-puissante, d'un moi fort, qui guiderait nos pas, Freud oppose que « nul n'est maître dans sa propre maison » : moi est un autre. Cette altérité, creusant une distance infranchissable entre le conscient et l'inconscient, signera le glas du projet téléologique de la modernité. Désormais, toutes les dimensions de l'activité humaine seront orientées par une même préoccupation centrale : se débarrasser de toutes les structures traditionnelles. La déliaison sera donc un trait central qui traversera tout le XXe siècle. Ce fut certainement la clôture d'un cycle, qui débute en l'an 1000, atteint son apogée à la Renaissance et s'épuise en 1900. L'émergence nominaliste de la figure de l'homme, de celui qui, avec sa raison, allait remplacer toute autorité divine, rencontrait là sa fin.

Le XXe siècle, également marqué par une production immense de savoirs et de pratiques artistiques qui visaient une convergence finale, fut donc à la fois terrible et magnifique. Mais cette époque est derrière nous, et nous sommes déjà dans les lendemains. La déconstruction et la rupture de tous liens nous ont laissé comme héritage un « monde Lego ». Le tout, c'est-à-dire l'inerte et le vivant, ne serait finalement pas autre chose qu'un ensemble de particules sans connexion organique entre elles. C'est le monde *bottom-up*, celui de la biologie moléculaire, de l'urbanisme utilitariste et de l'individualisme forcené.

Au sein de cette dislocation, de cet émiettement du réel qui inclut objets et sujets, nos contemporains semblent penser qu'ils ne sont pas touchés, qu'il s'agit là d'un phénomène extérieur à eux, au sujet qu'ils s'imaginent être. La pauvreté de la pensée actuelle, tout en constatant ce manque d'unité du monde, aime à rêver d'individus qui seraient autant de sujets transcendants existant au-delà de toute situation, autant d'opérateurs capables de donner des unités subjectives au monde. « À chacun sa vérité », nous répond-on. Celle-ci résiderait donc dans chaque individu, à la fois éthéré et substantiel. Face aux changements immenses qui se réalisent déjà aujourd'hui, parmi lesquels l'hybridation organisme/artefact est certainement centrale, des courants de pensée plus que faibles présagent de métamorphoses radicales où, envers et contre tout, l'individu surnagerait. Nous en connaissons déjà la version la plus grossière, le transhumanisme d'origine américaine, et sa déclinaison française, honteuse et frileuse : pour ses tenants, l'unité transcendante serait le moi individuel[1]. Celui-ci survivrait, telle une âme (version plastique dégradée), dans un corps postorganique composé de silicone et de tôles. Ils nomment cette évolution « l'émergence d'une nouvelle singularité ». Le réalisme spéculatif en est une autre version, destinée à une élite intellectuelle française en manque de frissons qui imagine que, toutes les lois de la physique n'étant pas d'une nécessité divine, celles-ci pourraient changer du tout au tout – un mélange de physique quantique fictionnelle et de narcissisme, quant à lui, bien réel[2]. Les promoteurs de ce courant de pensée envisagent également une « nouvelle singularité » : une toute autre loi de la physique pourrait émerger à n'importe quel moment, par exemple entre deux rendez-vous. Le plus drôle, ou peut-être le plus pitoyable, est qu'à l'instar de leurs frères américains ils pensent que face à cette nouvelle singularité ils resteront, quant à eux, immuables et pourront admirer, un beau matin, les pommes s'envoler vers le ciel.

Notre travail, de façon plus humble et réservée, vise à penser les possibilités d'un modèle de compréhension théorique et pratique de ce qui confère une unité au monde et aux sujets. Pour y parvenir, il importe sans doute déjà de redescendre de ce délire postorganique sans corps, et de penser l'unité comme un processus en permanent devenir, dépendant des corps et du rapport entre le champ biologique et la culture. C'est ce que nous tenterons de présenter par la suite dans notre modèle organique : toute unité, tout ordre, tout découpage est indissociable de cet « effort pour » propre au phénomène du vivant – ce que Spinoza a nommé, dans son *Éthique*, le *conatus* (« chaque chose, autant qu'il est en elle, s'efforce de persévérer dans son être[3] »).

Une pensée possible de l'unité

Si l'histoire du siècle dernier est celle de la dislocation, de la déconstruction de toutes les formes jusque-là dominantes, et cela dans toutes les dimensions de la vie et de la culture, force est de reconnaître que ce siècle fut aussi celui de la recherche de nouvelles formes d'unité, d'un nouveau paradigme capable de nous permettre de penser et d'agir dans le monde de la postcrise de 1900.

C'est depuis le terrain de la biologie et de l'épistémologie que Francisco Varela fit un pas fondamental. Le biologiste chilien parvint à expliquer que le monde n'était pas une collection désordonnée d'« objets » que des sujets « hors-sol » ordonneraient d'après leur magnifique subjectivité ou récit. Bref, que l'axiome postmoderne « à chacun sa vérité » était non seulement stupide mais faux. Au contraire, la perception et le rapport au monde des êtres vivants sont structurés par leur cerveau et leur corps. Une image perçue, nous explique Varela, nous en dit davantage sur l'unité du corps qui perçoit, et sur sa structure cérébrale, plutôt que sur un monde homologue extérieur. En d'autres termes, entre la perception et la construction des images cérébrales, il y a un rapport qui ne correspond pas à une captation par l'organisme d'une forme extérieure qui s'imprimerait en lui comme sur une page blanche. C'est, en réalité, la structure même du système nerveux central qui, à partir d'un stimulus *x* externe, produit, selon sa propre organisation, une image cérébrale. Varela nomma ce mécanisme l'« énaction ».

En travaillant avec Varela, j'ai ainsi pu progresser sur cette question jusque-là difficile à démontrer, à savoir que l'origine de tout sens ne réside pas dans une pure subjectivité de point de vue, mais plutôt dans un ensemble d'ancrages corporels bien réels et vérifiables. Nous sortions alors du « tournant linguistique », cette théorie faible selon laquelle tout est langage. Mais Francisco Varela nous quitta bien trop tôt, sans avoir eu le temps de fermer totalement la porte aux interprétations agrégatives du vivant.

Si donc, grâce aux travaux de Varela, nous étions en mesure de comprendre ce qui donnait sens au monde et à la vie des organismes, il manquait encore une théorie capable de nous expliquer, d'un point de vue scientifique, le niveau physicochimique au cœur de l'unité de l'organisme. En effet, si, parce qu'ils sont eux-mêmes « découpés » (c'est-à-dire non continus), les organismes sont capables de découper et de structurer leur environnement, et si, parce qu'ils sont eux-mêmes unifiés, ils peuvent structurer cet environnement en unités, et donner ainsi sens à leur monde, une question demeurait : à quoi ces organismes doivent-ils leur unité d'un point de vue matériel ?

Ce fut Ilya Prigogine qui, en 1969, apporta un élément de réponse central : l'ordre naît du désordre. Les « structures dissipatives » correspondent ainsi à des « états critiques de transition de phases », c'est-à-dire à des processus de structuration et d'organisation temporaires au sein de l'entropie (qui mesure le degré de désordre d'un système au niveau microscopique). Elles fonctionnent donc par « néguentropie », ou entropie négative. Certes l'entropie globale du système continue toujours à augmenter, mais une production d'ordre est possible localement et ponctuellement. Cela permit d'expliquer comment les organismes peuvent être organisés, hiérarchisés et surtout « découpés », c'est-à-dire capables de déterminer, par rapport à leur milieu, une frontière soi/non-soi. Reste que ces états critiques n'expliquaient pas encore tout à fait comment des organismes qui durent dans le temps et dans l'espace peuvent exister. Dans le monde de la physico-chimie, tout état critique – cet état de la matière où un ensemble de parties entrent dans un rapport singulier, se mettant à fonctionner comme une unité par rapport au milieu – reste en effet ponctuel.

Par la suite, certains travaux, notamment ceux du mathématicien Giuseppe Longo et du physicien Francis Bailly, ouvrirent de nouvelles pistes pour résoudre cette question essentielle. Longo et Bailly firent l'hypothèse que les organismes existent comme des « états critiques étendus », c'est-à-dire que leur unité, leur ordre et leur hiérarchie se présentent comme des moments « étendus » dans le temps et dans l'espace. Moments dans lesquels la vie se développe comme un effort permanent *et* éphémère chez les individus des différentes espèces. Un ordre émerge alors, qui n'est pas le simple fruit d'une dénomination subjective, mais qui possède une autonomie propre, dans le temps et dans l'espace, répondant à une dynamique interne à l'organisme.

Crise de sens : quand les hypothèses deviennent des dogmes

Sous certains aspects, la crise que nous traversons ressemble à n'importe quelle autre crise dans l'histoire de l'humanité. Tout bouleversement majeur, anthropologique, de société, entraîne une perte de sens. Plus qu'une grille de lecture qui s'effondre, c'est la texture même du monde qui semble se décomposer. Ce moment, Bertolt Brecht l'a parfaitement illustré dans un passage de *La Vie de Galilée*. Un petit moine vient secrètement converser avec le savant et lui explique que son « système » vide de sens la vie de ses parents – des paysans qui trimaient, souffraient, mais qui se sentaient au cœur de l'univers et regardés par Dieu. Or, en faisant de la terre un caillou perdu dans l'univers, Galilée supprime le cadre dans lequel cette souffrance avait un sens.

Il faut bien comprendre que la question du sens n'est pas une question périphérique. Le sens ne relève pas de l'information consciente ou machinique. Il est une structuration existentielle du vécu ; il ordonne, structure notre rapport au monde, y compris corporel – et surtout *déjà* corporel.

Dans *À la recherche du temps perdu*, Proust écrit : « Les faits ne pénètrent jamais le monde où vivent nos croyances. » Faits et croyances sont deux dimensions qui, certes, interagissent, mais qui conservent une certaine étanchéité. Le sens n'est pas donné par des faits, mais par une structuration, un rapport au monde médié par un ensemble de mythes, de croyances, de paradigmes qui n'en restent pas moins fortement territorialisés avec des corps situés, toujours déjà engagés dans le mouvement.

Contrairement à ce que l'on entend souvent dire, la crise de notre époque ne se résume certainement pas à la seule question de la chute des idéologies, des grands récits, de l'histoire..., bref, à un problème de *cartographie* périmée. Ce qui apparaît désordonné, chaotique, c'est le *territoire* lui-même. Dans toute crise, la perte de sens correspond d'abord à une déstructuration, une dispersion, puis, dans un second temps, à une réorganisation des territoires, c'est-à-dire à un réagencement des rapports entre les corps et le monde, dans une coconstruction vivant/milieu de ce qu'il faut nommer la « réalité ».

Dans le passage de l'époque de Dieu à l'époque de l'homme, c'est bien le « théâtre du monde » du petit moine qui s'écroule. En Occident, la longue période qui s'étend de la fin du Moyen Âge à la Renaissance correspond ainsi à une lente restructuration des paysages, des savoirs, des techniques, des rapports sociaux et familiaux. Autant de processus qui conduisent vers de nouveaux modes de territorialisation. Avec la Modernité, on passe ainsi d'une corporéité à une autre. Or c'est précisément ici que se situe la particularité de la crise actuelle. La société postmoderne voudrait aujourd'hui dépasser la crise de sens en se débarrassant du corps. Elle se projette désormais dans une perceptive de déterritorialisation[4] radicale et dans la production d'un mode de vie « postorganique ».

Toute société en crise est traversée par une tendance à l'autoréférentialité. Ce par quoi elle trouve sa cohérence – les mythes, les croyances, les paradigmes – ne parvient plus à métaboliser la masse de non-sens qui se contentait jusque-là de questionner les limites d'une époque. La vision se ferme. Et la fermeture est, comme toujours, autoréférentielle. Tout organisme ou macroorganisme agit ainsi – une société, une famille, un individu, une culture : il s'agit d'une dynamique générale, d'après laquelle une série d'interprétations hypothétiques, changeantes, conflictuelles (ou, comme nous le définirons plus loin, « x-tolérantes », c'est-à-dire consonant avec le réel) vont devenir dogmes.

L'époque que nous vivons pourrait ainsi se résumer comme l'histoire d'une mauvaise rencontre. Rencontre entre d'un côté une société en crise, en proie à toutes sortes de tendances dogmatiques et, de l'autre, la machine digitale, dont le moteur idéologique cherche à éviter tout frottement avec le monde. C'est la raison pour laquelle s'exprime aujourd'hui un ensemble d'éléments métaphysiques très forts, susceptibles de structurer cette crise et de la transformer en un nouvel état. L'axe central de cette idéologie qui se veut non idéologique affirme ainsi que « tout est information ». Et, comme nous le verrons, pour cette nouvelle théorie métaphysique de l'information, tout ce qui renvoie aux frottements ne peut résider que dans deux choses : soit du bruit, soit dans quelque chose qui résiste « encore ». C'est en ce sens que la révolution digitale implique une dématérialisation radicale. Certes, le physicien qui cherche à modéliser une souris, un phénomène, une pierre, bref n'importe quoi, n'affirmera pas que cette matière n'existe pas. Il n'empêche que ce à quoi il procède, à savoir la modélisation des composants de la matière, implique l'hypothèse, souvent tacite, selon laquelle cette matière est presque un simulacre (au sens platonicien) : son essence consiste en une simple quantité d'information. Apparaît dès lors une sorte de subjectivisme sans sujet. Tout est subjectif, mais non pas dans le sens d'une activité quelconque menée par un individu quelconque qui déploierait ainsi une vision subjective. Tout est subjectif dans un constructivisme autoconstruit où il ne peut plus y avoir ni sens, ni non-sens, tout simplement parce qu'il n'y a plus d'autre.

Trois révolutions : la langue, l'écriture et la digitalisation

La révolution digitale est la troisième grande rupture anthropologique vécue par l'humain. La première de ces révolutions est l'acquisition du langage. Impossible de résumer ici un tel événement qui nécessiterait à lui seul une série de traités savants. Disons simplement qu'à partir du moment où l'humanité émerge en tant que « parlant », une immense puissance apparaît : la langue. Contrairement à ce qu'une pensée naïve pourrait soutenir, la fonction « communication » de la langue n'est que marginale. La langue développe en réalité surtout une autonomie propre, en « capturant » les êtres humains, les paysages et les écosystèmes pour être parlée. L'homme parle, mais c'est la langue qui s'exprime à travers lui. Un espace de conflictualité permanent se dessine entre les possibles de la langue, les possibles de la logique symbolique, et les possibles de la vie elle-même, qui ne sont ni absorbés ni représentés entièrement par la langue. En d'autres termes, les possibles de la langue ne sont pas tous « *com*possibles », pour reprendre le néologisme de Leibniz, avec la vie de l'espèce – et *vice versa*. Cela signifie que ce qui est possible dans la langue ne l'est pas obligatoirement dans le monde réel des organismes ; en d'autres termes, ce qui est exprimable n'est pas forcément réalisable : les possibles de la langue ne sont pas nécessairement compatibles avec ceux des organismes, et inversement.

La puissance que l'espèce acquiert dans son rôle d'« étant qui parle » est évidemment considérable. Dorénavant, l'expérience directe n'est plus une condition nécessaire au savoir ; l'information et les connaissances sont majoritairement issues d'une source indirecte.

La deuxième grande révolution propre à l'homme s'est opérée en Mésopotamie, c'est l'invention de l'écriture. Celle-ci représente un pas de plus dans le processus de déterritorialisation qui ouvre de nouveaux possibles : désormais, la vie de notre espèce est d'abord ordonnée par des connaissances indirectes. Notre rapport à nous et au monde est désormais très largement médié par des savoirs qui ne sont pas passés par notre corps. Il est ainsi évident que l'écriture change, dans une dynamique de coévolution, l'humain lui-même, ne serait-ce que par les mécanismes neuronaux de recyclage et de délégation des fonctions que cette révolution a entraînés, qui ont largement modifié l'architecture de nos cerveaux. Bien entendu, l'écriture représente également pour l'espèce humaine une puissance extraordinaire, ce qui ne signifie pas pour autant que cette puissance soit « au service » des humains. Elle coévolue avec eux dans un rapport de « rivalité évolutive » : à l'instar de la langue parlée, l'écriture existe sous la forme d'une combinatoire à la fois autonome et dépendante des hommes (c'est bien *nous* qui écrivons).

La troisième rupture, celle que nous vivons, est directement liée à l'invention et à la dissémination rapide des techniques digitales dans l'ensemble des sphères de l'activité humaine. Cette rupture majeure induit, nous l'avons vu, non pas un problème de « cartographie périmée » qui exigerait de nous une sérieuse mise à jour de nos modèles de compréhension pour pouvoir continuer à vivre et à agir, mais un profond et irréversible changement dans la matérialité même du territoire.

L'horizon du monde digital : quand le territoire devient la carte

À l'instar du roi Midas qui transformait tout ce qu'il touchait en or, dans notre monde devenu « digital », tout ce que la digitalisation touche (modélise) se changerait en information, en bits, en 0 et 1, en « unités discrètes ». De façon un peu naïve ou distraite, on pourrait croire que les modélisations du réel opérées par les machines digitales ne sont pas autre chose qu'un simple mode d'accès à une certaine connaissance du monde.

Or, pour bien saisir les conséquences de la transformation digitale, il faut bien comprendre que tout ce qui est modélisé par une discrétisation du réel en termes digitaux – c'est-à-dire en capturant sous la forme de points finis ce qui, dans la réalité, existe toujours comme des intervalles dans le continu, ni prédéfinis ni séparables – n'est pas considéré comme des représentations du monde mais comme le monde lui-même.

La digitalisation repose sur la croyance que le monde, modélisé en bits d'information, est composé, dans sa réalité concrète, par des points discrets.

Ce que Giuseppe Longo appelle un « arrondi digital » vise précisément cette opération qui consiste à traiter le monde représenté comme s'il était constitué de la même substance que les modèles qui cherchent à le reproduire. Ainsi, face à un monde organisé par des pointillés de découpage, le rôle de la modélisation digitale consisterait à identifier et à relever ces points. Ce réalisme, aussi naïf soit-il, conduit, *in fine*, à une véritable dislocation des organismes modélisés, lesquels sont considérés, jusque dans leur nature propre, comme un pur assemblage de particules élémentaires simples (discrètes). Dans ce geste d'ontologisation des unités discrètes « d'information » résident les fondements qui rendent possible le « monde Lego ». Ces unités discrètes ontologisées, qui proviennent de la modélisation d'un objet ou d'un processus quelconque, pourraient ainsi être recombinées pour constituer un tout autre objet. Le « monde Lego » désigne ainsi un monde transformé en carte, où disparaît tout frottement entre théorie et réel, entre hypothèses et monde, dans une communion de substance sans altérité.

Comme souvent, ce qui se présente comme la nouveauté la plus évidente est en réalité structurée par le « depuis toujours » de la longue durée. La digitalisation rejoint ainsi le côté le plus réactionnaire du Platon des *Lois* et de *La République*, pour qui le monde de l'apparence, celui des corps, n'est que le simulacre du monde véritable des Essences. Ces Essences qui peuvent, sans souffrir la moindre distorsion, migrer d'un corps à un autre. Comment ne pas voir dans les algorithmes, l'information digitalisée et le monde de la méta-arithmétique digitale, le renouveau de cette ontologie réactionnaire de l'être et de l'étant ? En définitive, le monde digital n'est qu'une version revisitée du ciel platonicien des Essences.

Bien que beaucoup plus sympathique que Platon, le biologiste Pierre-Henri Gouyon tenta un jour de m'exposer les principes contemporains de ce même dogme théologique[5]. Il m'expliqua qu'il était possible de modéliser n'importe quel objet, dont l'ADN, et de faire circuler ce modèle sur divers supports neutres afin de le rematérialiser. Mon ami, également grand sybarite, s'employa ainsi à me démontrer que l'ADN, à l'image de la recette de la tarte aux pommes, n'est pas autre chose qu'un code inscriptible sur papier ou dans un programme, voire dans un hiéroglyphe. Une métaphysique que le généticien Richard Dawkins, réputé par ailleurs pour sa croyance religieuse en l'athéisme, développa avec son hypothèse du « gène égoïste[6] ». Selon lui, le gène ne serait pas autre chose que l'objet sacré sur lequel le code circule et colonise des corps pour se développer en tant qu'essence. Suivant ses aspirations cléricales, Dawkins ira jusqu'à affirmer que les corps ne sont finalement que les « véhicules » des gènes. Aucun des Pères de l'Église ne l'aurait sans doute mieux dit en décrivant le rapport corps/âme, le corps étant pour eux le véhicule de l'âme. Pour ceux qui s'intéressent à la métaphysique religieuse de cet académicien britannique, il est recommandé de lire ses théories sur la circulation virale des idées, lesquelles, hors de tout sens et de tout contexte, circuleraient grâce à des unités appelées les « mèmes ». Une mémétique qui constitue sans aucun doute aujourd'hui un sommet de l'idiotique…

Plus sérieusement, il n'est évidemment pas question ici de remettre en cause le rôle central de la double hélice d'ADN dans le fonctionnement du vivant, mais de dire que celui-ci n'est pas compréhensible en dehors du contexte cellulaire dans lequel il a lieu. C'est l'ensemble des processus physico-chimiques, y compris les conditions épigénétiques, leur contexte biomatériel, qui participent à la production des protéines comme à l'expression des gènes. Le « code » correspond à ce qu'on pourrait appeler une « fiction théorique opérationnelle », très pratique dans les laboratoires de recherche certes, mais qu'il faut garder de tout geste essentialisant...

Dans la langue comme dans l'écriture, nous pouvons reconnaître des processus de découpage du réel qui repose sur un fonctionnement de type analogique, c'est-à-dire qui entretient un rapport de continuité avec le soubassement matériel. C'est le cas également d'un certain nombre de dispositifs techniques, à l'instar de la photographie argentique, qui est le résultat d'un processus d'échange physico-chimique entre le substrat de la pellicule et le spectre lumineux du paysage ou du sujet de la photographie. En revanche, la technique digitale opère dans une discontinuité matérielle radicale, où l'information (l'image d'un appareil photo numérique, par exemple) est le produit d'un processus de dématérialisation. Tout le problème central de notre époque pourrait être localisé dans ce passage : ce processus crée l'illusion d'un monde algorithmique d'essences, qui existerait au-delà de toute matière. Au sein de ce nouveau mythe métaphysique, celle-ci apparaît comme une limitation de la puissance de l'algorithme et du monde digital. Ainsi, le nouvel essentialisme digital traite comme des « bornes » à franchir les « limites » qui font partie, organiquement, de chaque phénomène. Ici se trouve le défi central auquel la recherche actuelle doit se confronter : sous quel mode existent, dans le monde digital, les limites objectives et réelles qui ne se réduisent pas à des bornes à dépasser ?

Les situations concrètes sont irréductibles au modèle

L'objectif clairement énoncé et poursuivi à travers la digitalisation du monde vise à parvenir à une modélisation, à une synthèse « computationnelle » qui, en épuisant l'ensemble des phénomènes organiques et physico-chimiques, nous permette de rematérialiser à volonté l'objet modélisé. Dans ce passage de la matière au modèle semble apparaître un régime de possibles en principe illimité : la colombe de Platon se serait enfin débarrassée de la résistance de l'air qui « limitait son vol ». Cette digitalisation opère ainsi une décontextualisation disloquante, reposant sur l'hypothèse que les particules élémentaires – promues au rang de sens ultime de l'existence –, devenues unités d'information, peuvent exister en dehors de toutes limites, c'est-à-dire en dehors de toute situation concrète.

Les possibilités du modèle sont celles d'une totalité totalisante qui devrait donc, par définition, pouvoir s'inclure elle-même. Ainsi le monde digital serait devenu ce catalogue des catalogues. Une situation universelle qui comprendrait toutes les situations et qui, par conséquent, inclurait en son sein tous les points de vue, c'est-à-dire le point de vue de nulle part, un point de vue débarrassé de toute situation concrète. En logique, un tel ensemble, impossible, se prétendrait « complet » et « consistant ». La philosophie de l'organisme que nous appelons, elle, n'opposera pas à cette chimère réactionnaire une métaphysique du fini. L'humilité vivante de la phénoménologie, cette science des phénomènes à laquelle nous entendons ici apporter notre contribution, accepte l'altérité radicale de l'incomplétude ou de l'inconsistance. Bref, elle assume que nous soyons toujours *situés*.

Une situation est un ensemble complexe qui demeure en partie obscur à ceux qui y prennent part. Elle ne se résume pas à un simple décor où la vie, les organismes, les individus et les cultures se déroulent. Nous nommons ainsi « situation » cette apparition produite sur le champ phénoménal par les habitants et leurs écosystèmes ; il n'existe pas de situation sans habitants et inversement. Comme nous le verrons plus loin, les liens qui structurent une situation relèvent d'un fonctionnement organique. Ainsi, ce qui existe comme limite à la situation appartient à la situation. Pour tout être, exister signifie « être situé ».

Une situation ne peut pas se définir par la somme de ses éléments. On appelle « situation » ce qui « compte pour un », le « Un multiple ». En un sens très simple : un pur multiple, c'est-à-dire une multiplicité qui ne posséderait pas, sous une forme ou une autre, un principe dynamique d'unification, serait une dispersion impensable. La situation, plus qu'une entité à définir, relève donc toujours d'un constat dynamique. Il y a « situation » chaque fois que des éléments multiples agissent de façon intégrée et organique. De ce point de vue, le principe existentiel de toute situation peut se définir de la même façon que le principe organique et biologique qui structure le vivant, où chaque élément existe par et pour l'autre, et où aucun élément ne peut être compris de façon isolée.

Les unités organiques s'imbriquent et s'articulent les unes aux autres, telles les monades de Leibniz, pour former des organismes. C'est pourquoi Sartre pouvait dire que « mon corps est ma première situation », qui n'existe qu'articulé avec d'autres situations qu'il coproduit. On aurait toutefois tort de chercher une fois encore une situation des situations, car la totalité n'est pas ce qui inclurait l'ensemble des situations. À l'inverse, la totalité est ce qui existe sous la forme d'une singularité pour et par chaque situation. Ainsi, l'amour n'est pas à comprendre comme le résultat de l'addition de l'ensemble dispersé des actes d'amour, mais bien comme ce qui existe sous la forme d'une totalité dans chaque situation amoureuse. Une situation existe ainsi comme une unité d'être, non pas dans le temps et dans l'espace, mais comme condition de toute temporalité et de toute spatialité.

La croyance en une situation qui contiendrait toutes les situations est une aporie : un point de vue qui comprendrait tous les points de vue, y compris lui-même, ne viendrait de nulle part. Nous sommes là face à une véritable philosophie de l'infini, à partir de laquelle des entités finies peuvent être construites. À cette métaphysique, caricature démocritéenne, d'un infini originaire et pur, nous ne pouvons donc pas opposer une autre métaphysique du fini. En revanche, nous pouvons simplement et humblement constater que tout principe d'existence est sous condition du champ biologique et des organismes qui le composent. Une situation est cette émergence d'un temps et d'une spatialité, produits par l'activité même du champ biologique dans son frottement avec le réel. Le concept de « situation » se révèle donc très proche de celui du « local ». Comme l'écrit le poète Miguel Torga, cité par Éric Briys, « l'universel, c'est le local moins les murs », ce qui fait d'ailleurs dire à Briys que « ces murs sont précisément ce qui empêche de voir que l'universel vaut bien plus que la somme de toutes les parcelles locales emmurées[7] ». Il n'existe ainsi que des situations, puisque l'existence n'apparaît que comme situationnelle. Ni la langue ni l'écriture, et encore moins les techniques digitales, ne peuvent permettre l'émergence d'une situation concrète. Et cela pour deux raisons.

La première est que le champ biologique, et les organismes qui le composent, n'a nul besoin, pour exister, pour et par les situations, de ces instances symboliques. Deuxièmement, parce qu'aucune de ces trois instances symboliques ne possède la puissance capable de faire émerger une situation en se passant du vivant. D'un point de vue phénoménologique, nous pouvons dire qu'une situation émerge (avec ou sans conscience) lorsque, pour des organismes vivants, fait irruption une ligne de compossibilité qui vient limiter ce qui paraît en principe possible et souhaitable. Cette interférence entre le souhaitable et le réalisable, par l'irruption de la compossibilité, détermine de façon dynamique l'espace et le temps d'une situation concrète. Il y a là convergence d'une multiplicité. Il faut bien comprendre qu'une situation concrète n'est pas ce qui se passe dans un espace donné et dans un laps de temps fini, mais qu'elle correspond à la production même de cet espace et de ce temps.

L'ordinateur ne peut jamais gagner

En octobre 2016, j'étais invité par le magazine *Le Point* à participer à l'un des nombreux colloques organisés actuellement sur le thème des neurosciences. Parmi les autres intervenants, Fan Hui, champion d'Europe de jeu de go, battu à cinq reprises, en octobre 2015, par l'algorithme AlphaGo. Quelques mois plus tard, en mars 2016, le logiciel de Google se paya la tête d'un autre joueur, l'un des meilleurs mondiaux, le Sud-Coréen Lee Sedol, défait sur un score sans appel de 4 à 1. Vingt ans après la victoire du superordinateur Deep Blue contre Garry Kasparov – aux échecs, le jeu de go alimentait encore l'espoir que l'intelligence humaine avait ce « quelque chose » de plus qui lui permettrait de ne jamais être rattrapé par la machine. Face aux attaques répétées des petits génies de la programmation, ce jeu millénaire, et sa combinatoire de 10^{170} positions possibles, faisait figure de dernier rempart de l'humanité. Ce bastion a fini lui aussi par tomber, soulevant dans l'auditoire cette angoissante question : que reste-t-il désormais à l'homme ? Faut-il définitivement reconnaître la supériorité de la machine sur l'intelligence de l'être humain ? Ma réponse ce jour-là fut sans hésitation : « Oui. » L'humain n'a aucune chance de gagner face à la machine digitale, pas plus qu'un coureur face à une voiture ou n'importe quel sportif face à une machine aussi triviale qu'un ascenseur. Et pourtant, ni l'invention du moteur thermique, ni celle de la poulie, n'ont jamais été vécues comme la défaite du genre humain face à l'artefact.

La question posée par la salle fut alors de savoir si la machine était en mesure de tricher. Si l'on peut toujours discuter de l'escroquerie idéaliste qui se cache derrière l'idéologie digitale, une chose est certaine : la machine numérique est, quant à elle, incapable de duplicité. Elle se heurte au problème du double sens qui relève d'une dimension non entièrement modélisable, propre aux logiques floues. Sauf qu'en théorie, la machine peut faire quelque chose de très proche de la tricherie, tout en étant bien plus puissante. En cours de match, elle peut profiler son adversaire sur la base d'informations recueillies en analysant ses microcomportements. De cette manière, elle est en capacité d'opérer non pas le coup le plus adapté du point de vue de la combinatoire logique, mais celui qui va déconcerter voire démoraliser son adversaire. Que reste-t-il dès lors de singulier à cet être humain dépossédé de sa nature jusque dans ses propres vices ? Qu'est-ce que la machine n'est pas en mesure de faire et qui relèverait donc du monopole du vivant ? Dans le cas du jeu de go, comme dans le cas de la course, la réponse se situe en amont. Si la machine peut résoudre toutes les problématiques techniques posées par la combinatoire, elle ne peut en revanche tout simplement pas désirer jouer au jeu de go, ni même éprouver le besoin de jouer à l'instar de l'ensemble des êtres vivants, y compris les plantes, pour qui le jeu est une forme nécessaire d'exploration des possibles et de la puissance[8]. Comme Giuseppe Longo l'explique, la différence entre une particule physique et le vivant réside dans le fait que la particule traverse un espace de phase en dessinant une géodésique[9] : elle empruntera toujours le chemin le plus court, dépensera le moins d'énergie possible, etc. En revanche, au cours de l'évolution, le vivant construit l'espace des possibles ; il coconstruit ses niches. Contrairement à toute théorie physique, l'évolution ne donne pas a priori cet espace : les phénotypes se font au cours de l'évolution elle-même. C'est ce processus exploratoire qui s'exprime, entre autres, à travers le jeu.

Dans la plupart des rites qui participent aux différentes cultures humaines, les jeux constituent un axe central. Or, comme nous le verrons plus loin, les rites entretiennent un rapport de dépendance complexe avec les rythmes biologiques – parmi lesquels ceux qu'on appelle couramment les « horloges biologiques » – eux-mêmes incorporés dans les rythmes des écosystèmes, d'un point de vue synchronique, et des espèces, sur un axe diachronique. Le fonctionnement propre et autoréférentiel des rythmes biologiques perturbe par des stimuli non intentionnels la barrière transductive et stochastique qui sépare et unit, en tant qu'interface dynamique, le monde du champ biologique et le monde des significations de la langue, de la culture et de la technique. La perturbation à l'origine du stimulus ne possède pas de forme, et ne contient pas de message. Autrement dit, ce qui deviendra une forme concrète (le jeu de go, par exemple) n'est pas encodé dans le stimulus produit par la perturbation du champ biologique. Ici se joue un non-savoir structurel profond : la conscience peut ainsi comprendre comment réaliser certaines choses, et non pourquoi elle désire les faire. Le rapport entre les rites et les rythmes constituent ce qu'on pourrait appeler le « soubassement » de toute situation au sein de laquelle peut émerger du sens. C'est pourquoi, souvent de façon rapide, on entend dire que « le sens est sous condition du non-sens ». Or ce non-sens réside dans le rapport « transductif » qui existe entre les rites et les rythmes, qui n'est ni un rapport intentionnel, ni un rapport de traduction, ni la transmission d'un message. C'est ce qu'évoque clairement ce passage d'un apologue taoïste : « Quand le bâton frappe le plancher de la barque, les oiseaux s'envolent et les poissons plongent vers les profondeurs. » Il n'y pas plus de messages codés dans le coup de bâton que dans les synapses.

Voilà également pourquoi nous pouvons affirmer que la machine qui est capable d'écraser n'importe quel joueur de go ne peut jamais jouer au go. Le malheureux Lee Sedol a perdu face à un programme informatique qui n'a en réalité jamais « joué » face à lui. Et donc encore moins gagné... Car « jouer » implique une dimension de signification de l'action qui est inaccessible à la machine. Le réductionnisme actuel, qui prétend expliquer tous les processus organiques par les seules lois de la physique et de la chimie, est aujourd'hui incapable de faire la distinction entre les opérations du système et la signification des actions, qui n'est possible que pour un organisme limité. On retrouve ici la même confusion prônée par les tenants de la chimie cérébrale de l'amour qui, après avoir identifié les mécanismes électriques et chimiques déclenchés dans une situation amoureuse, croient avoir saisi le sens du sentiment amoureux.

Intentionnalité et adaptation

Ces amalgames placent la question de l'intentionnalité au cœur de notre problème. D'aucuns ont pu affirmer avoir observé l'« émergence d'un comportement de solidarité » face à deux robots qui, à un moment donné d'un processus, articulèrent leur fonctionnement afin d'accomplir une tâche pour laquelle ils n'étaient pas programmés. Il faut bien reconnaître qu'il y a là une profonde bêtise. Or cette bêtise a des conséquences graves : croisant une projection anthropomorphique, elle peut nous conduire à qualifier les processus physiques de l'intelligence artificielle ou des algorithmes par des termes tels qu'« émergence de comportements » (de coopération, de solidarité, de rivalité...), ou « production de langage ». Il est vrai que, pour les néophytes, ces formes d'articulations non programmées (mais probables), qui permettent au système d'accomplir un mouvement ou une tâche non prescrits, ont quelque chose d'étonnant voire d'impressionnant. Mais ce qui l'est en réalité plus encore, c'est qu'à partir du comportement des systèmes multiagents, c'est-à-dire des systèmes composés d'un ensemble d'acteurs (processus, robots, êtres humains...) plus ou moins autonomes agissant et interagissant dans un environnement donné, des chercheurs très sérieux croient, tout aussi sérieusement, avoir découvert la pierre philosophale capable de nous expliquer les fonctionnements du vivant – de façon *bottom-up*. Ainsi les circuits neuronaux, électriques et chimiques, qui interviennent dans les états amoureux, les jugements moraux, les processus de pensée ou de création, sont interprétés avec une attendrissante naïveté comme autant d'éléments intégrés à un système multiagents ascendant qui permet l'émergence de l'amour, d'un langage, d'une morale ou d'une œuvre d'art. Pour ces chercheurs, il n'en faut pas beaucoup plus pour parvenir à cette douloureuse conclusion : l'intentionnalité ne serait pas autre chose qu'une pure illusion narcissique du vivant, et en particulier des humains. Après tout, une amibe qui se déplace avait-elle bien l'intention de se mettre en mouvement ? Un chien affolé qui cherche son maître au milieu de la foule a-t-il réellement l'intention de le trouver ? Et le lecteur qui a acheté ce livre, avait-il vraiment la volonté de le faire ? (Si, par hasard, il l'a emprunté ou même volé, la démonstration reste valable...). La réponse, *in fine*, serait donc « non ». Et il nous faudrait ravaler notre fierté : il n'y a, au bout du compte, que des mécanismes qui se mettent en branle, qui s'articulent, qui émergent..., et l'intentionnalité ne serait qu'un mirage.

Les découvertes récentes de la neurophysiologie, qui permettent de constater que le mouvement précède la « décision consciente » de sa réalisation, paraissent confirmer de telles hypothèses. Du moins, en apparence… Car encore faut-il s'entendre sur le concept même d'intentionnalité. Cette intentionnalité endogène, obéissant à un libre arbitre, celle qui fit écrire à Antonio Damasio *L'Erreur de Descartes*, est-elle la seule possibilité de concevoir la complexe question de l'intentionnalité ?

Reprenons l'exemple d'un robot placé cette fois dans un dispositif où il est « confronté » à une difficulté précise. Pour la résoudre, il pourra soit choisir la bonne réponse au sein d'une combinatoire donnée, soit produire une nouvelle réponse absente jusque-là de la combinatoire. Face à une telle scène, nous pourrions alors facilement conclure, sur un mode biocentrique, que nous sommes bel et bien en présence d'un étant qui réfléchit, choisit ou invente une solution face à un problème donné, apportant ainsi la preuve d'une certaine réflexivité machinique. Au XVIe siècle, le théologien catalan Raymond Lulle avait déjà développé dans son *Ars combinatoria* les principes d'une machine logique qui permettrait, par le biais de divers leviers et engrenages, de produire des réponses à des questions concrètes du dogme. Si nous adhérons à l'idée selon laquelle l'intentionnalité émerge des mécanismes de la pensée symbolique, nous devrions alors, dans les deux cas, déduire qu'il existe bien là quelque chose qui s'approche de l'intentionnalité. Dans cette perspective, on pourrait alors dire que notre robot, comme le dispositif imaginé par Lulle, a effectivement l'intention de résoudre un problème. En revanche, si nous partons de l'hypothèse selon laquelle ni la machine ni le cerveau ne pensent, mais qu'ils participent et sont capturés par la combinatoire semi-autonome de la pensée, nous pouvons comprendre que les racines de l'intentionnalité sont à chercher en amont de ce dispositif de capture et de production.

L'intentionnalité du vivant ne se résume certainement pas à la seule résolution des problèmes qui se présentent dans la synchronie, tant s'en faut. L'ensemble des tropismes et des tendances qui se manifestent sous la forme d'une intentionnalité ne sont jamais transitifs, c'est-à-dire qu'ils ne sont jamais une pure réponse adaptative face à une situation donnée. Ils trouvent leur origine dans le mouvement propre du vivant et dans une coproduction vivant-milieu qui ne se réduit pas à une adaptation.

Il paraît aujourd'hui impossible de conserver l'image du petit théâtre intérieur cartésien dans lequel, après un long débat, la tête ordonnait au corps de bouger à travers la glande pinéale. Comment comprendre, sinon, l'intentionnalité du scorpion qui, dans la fable, demande à la grenouille de le transporter sur l'autre rive d'une rivière pour finalement, à mi-chemin, la piquer à mort ? À la grenouille agonisante qui l'interroge sur les raisons de ce geste suicidaire qui les conduit tous deux à leur perte, le scorpion répond : « Je n'ai pas pu m'en empêcher, c'est dans ma nature. » On comprend bien la difficulté que nous avons à saisir le statut de l'intentionnalité du scorpion si nous ne l'envisageons que comme un tropisme individuel propre à chaque organisme : pourquoi ce scorpion-là, en tant qu'organisme individuel, a-t-il piqué volontairement la grenouille au prix d'une mort certaine ? L'intentionnalité ne peut se comprendre comme un comportement émergent ou adaptatif, pas plus qu'elle ne peut se résumer au tropisme individuel d'un organisme. L'intentionnalité puise sa force, pour chaque organisme, dans chaque espèce et dans la longue durée du développement de l'espèce. Ainsi l'ensemble des tropismes qui se manifestent comme une intentionnalité concrète est à considérer comme la résultante d'une multiplicité au sein de laquelle s'articulent, de façon conflictuelle, des tendances diachroniques et des tendances synchroniques, pour produire ladite résultante. Plus on avance dans la complexité des espèces et des organismes, plus les éléments en conflit pour déterminer ce qui, dans chaque situation, s'exprime sous le mode d'une intentionnalité, apparaissent composites. Évidemment, dans le cas des humains, ce qui apparaît comme intentionnalité, désir ou tropisme s'articule également avec le contenu symbolique propre aux processus humains – avec la langue, l'écriture, la pensée, la technique... C'est d'ailleurs sans doute pour cette raison que cette illusion d'un petit théâtre cartésien qui prétend être à l'origine de l'acte intentionnel est si persistante. Au sein de cette multiplicité de tendances et de tropismes qui constitue la résultante intentionnelle, la conscience intervient a posteriori. Et son rôle n'est ni central, ni moteur. Nous sommes un nœud de liens et de tropismes. Et, en réalité, notre prétentieuse individualité est à considérer comme un élément de plus intervenant dans la résultante. C'est pourquoi la croyance en l'intentionnalité individuelle relève toujours d'une illusion narcissique, d'une individualisation exagérée et exacerbée. Ainsi, pour les sagesses extrême-orientales, la notion centrale du non-agir ne désigne pas l'inaction. Elle signifie qu'il ne faut pas croire que les tropismes individuels sont prioritaires par rapport à l'ensemble des tropismes qui nous traversent. Paradoxe du langage, le non-agir taoïste – qui coïncide exactement avec ce que Spinoza appelle la « connaissance du troisième genre », cette perception globale et intuitive des choses dans leurs relations, leur développement, leur unité, à laquelle peut parvenir le philosophe, à l'issue d'un long cheminement – est précisément ce qui augmente la puissance d'agir, comme l'exprime ce poème de Tchouang-Tseu issu du *Deuxième Livre du Tao* :

> Cesse de vouloir être important ; que tes pas ne laissent aucune trace. Voyage seul comme le Tao au pays du grand silence.
>
> Si un homme traverse une rivière et qu'une barque vide heurte sa propre embarcation, il ne sera pas offensé ou courroucé, quelque chaud que puisse être son sang. Mais si la barque est dirigée par quelqu'un, il se peut qu'il s'échauffe, hurlant et jurant, simplement parce qu'il y a un rameur.

Prends conscience que toutes les barques sont vides quand tu traverses la rivière du monde, et rien ne pourra t'offenser.

Partons du principe biologique et philosophique que nous, les humains, n'avons pas de liens, mais que nous sommes constitués par des liens. Et que, par ailleurs, ces liens ne se centrent pas en nous-mêmes, mais que nous en sommes des segments. Nous pouvons alors comprendre ce que Chrysippe écrit à propos de ce sentiment imaginaire d'être nous-mêmes des unités stables : « Ce n'est qu'à l'intérieur d'une sphère artificiellement découpée par notre expérience psychologique que certains événements paraissent dépendre de nous. »

Ce que nous éprouvons comme une intentionnalité endogène correspond en réalité à l'expérience d'être traversés, en tant que singularités, par des processus, des lignes d'action, qui existent bien avant notre naissance, nous débordent et se prolongent bien après notre mort.

Dans un autre ouvrage, j'avais donné l'exemple des « bâtisseurs de pyramides » pour évoquer cet imaginaire qui nous conduit à nous croire les créateurs de nos actes (en faisant bien la différence entre le fait d'être un créateur, et le fait d'être un agent – ce que nous sommes en réalité)[10]. Nous savons qu'il y a quelques millénaires, des civilisations et des cultures différentes, sans rapport géographique ou historique, ont bâti, à un moment donné de leur histoire, d'imposantes pyramides. Or pour qu'une pyramide puisse « surgir de terre », il a nécessairement fallu une multitude de facteurs – climatiques, géographiques, biologiques, démographiques, des agencements de savoirs et de cosmogonies, des observations astronomiques, des calculs mathématiques, des circonstances socio-économiques, des perspectives politiques –, une série interminable de conditions précédant de plusieurs siècles le moment où ce fameux « quelqu'un » décida d'édifier des pyramides. Ainsi nos actes, sur un terrain individuel comme social, sont toujours précédés par des processus qui devancent nos « décisions » d'agir et de faire.

Nous sommes tous et tout le temps dans la situation de celui qui croit être le décideur des pyramides. Ce faisant, nous ignorons les multiples et complexes lignes d'action qui nous traversent pour déployer cet acte. C'est ce que Spinoza exprime lorsqu'il identifie notre sentiment de liberté à notre ignorance des chaînes qui nous déterminent. C'est pourquoi l'intentionnalité comme l'intériorité, qui sont deux des invariants propres aux organismes, nient radicalement tout *feedback* synchronique ou adaptatif. On peut toujours dire : « Ça vient de plus loin et ce n'est pas moi qui décide. »

Cette intentionnalité non personnelle qui puise sa force dans des multiplicités pré-individuelles (constituées par la longue durée de l'espèce et des tropismes issus de l'évolution) s'oppose donc d'une part au réductionnisme mécaniciste, qui affirme l'émergence de comportements sans sens, mais aussi au narcissisme dérisoire, qui nous invite à croire en l'existence d'un auteur autonome, qui serait pour lui et par lui une pure singularité. Il est vrai que cette intentionnalité, ou du moins ses manifestations, a de quoi surprendre et même déstabiliser un certain nombre d'entre nous. C'est d'ailleurs pourquoi dans la thérapie situationnelle que j'ai présentée précédemment, je développais l'idée qu'il est nécessaire de connaître sa propre « géographie intérieure », c'est-à-dire de connaître les comportements et les tropismes par lesquels nous sommes agis[11].

« Il n'y a rien à chercher derrière les phénomènes »

Face à la décontextualisation radicale opérée par la digitalisation, notre propos n'est certainement pas d'en appeler à une nouvelle forme de kantisme qui conduirait à la recherche d'un « monde en soi » inaccessible. Il s'engage bien plutôt à contribuer à la dévirtualisation du monde qui nous entoure, et donc à comprendre que le contexte n'est pas une pure extériorité par rapport aux processus et aux personnes. Il est au contraire au cœur des phénomènes et des processus eux-mêmes.

Jorge Luis Borges affirmait que si l'on donnait à un singe une machine à écrire, et un temps représentant des milliards de fois la vie de l'univers, il y aurait une probabilité infime pour qu'il en sorte un jour le roman du *Quichotte*. De même, nous pourrions mélanger pendant des siècles les lettres de l'alphabet sans jamais réussir à précipiter le texte de Cervantès. L'alphabet ne préfigure pas le roman du dramaturge espagnol. Il n'y est pas encodé, attendant simplement que quelqu'un l'y trouve. Plus encore, ce n'est pas parce que nous connaissons les lettres de l'alphabet que nous pouvons accéder au sens du *Quichotte*. Pour exister avec une signification concrète, *Don Quichotte* a besoin d'un contexte. Dans *Pierre Ménard, auteur du* Quichotte, Borges imagine un écrivain absolument compénétré par l'œuvre de Cervantès, qui travaille dans les années 1930 à concrétiser son étrange projet : écrire le *Quichotte* sans pour autant ni recopier ni plagier l'œuvre du XVIIe siècle. Or l'écrivain est à ce point imprégné par le récit « original » que son texte se révèle en tout point identique à celui qu'a écrit Cervantès trois siècles plus tôt. Borges analyse comparativement les deux textes en démontrant phrase par phrase que là où Ménard a fait preuve d'une imagination sans borne, l'œuvre de Cervantès relève plutôt du roman de gare. Une grande œuvre littéraire n'est pas du papier imprimé mais un ensemble avec un profond soubassement dont font partie les phrases, le contexte, l'époque, la géographie... C'est pourquoi Ménard fait preuve d'une incroyable inventivité et d'un génial anachronisme en écrivant l'œuvre du *Quichotte* dans un contexte tout autre que celui dans lequel Cervantès avait produit l'œuvre originale.

Une expérience aussi simple et banale que celle d'assister aujourd'hui à un concert des Rolling Stones permet déjà de comprendre que le contexte n'est pas réductible à un simple décor extérieur aux processus et aux personnes. Sur scène, en apparence, pas de tromperie : ce sont bien les musiciens, le chanteur et les chansons du groupe de rock britannique qui se produiront. Et pourtant, pour les spectateurs, la seule certitude qu'ils auront après le concert aura été celle d'apercevoir rapidement, et d'écouter un groupe qui joue comme s'ils étaient les Rolling Stones. Car pour être les Rolling Stones, il fallait l'espoir des années 1960 et 1970, la guerre du Vietnam, les luttes féministes, le Che Guevara… N'en déplaise aux tenants du réductionnisme physicaliste qui nie le contexte pour réduire le vivant à un jeu de Lego constructible, la vie n'est pas « un saut de plus » dans la complexité des macromolécules[12]. Pas plus qu'elle ne peut être identifiée à chaque être vivant. Nous partons de l'hypothèse que la vie est un phénomène de contexte qui fonctionne sous la forme d'un champ biologique auquel chaque espèce, chaque être vivant participe. Cela n'implique pas pour autant un point de vue holistique, car, bien entendu, il n'y a pas de recherche possible sans réductionnisme – à condition de désigner par là le moment réductionniste nécessaire à toute activité de recherche et non le physicalisme aujourd'hui dominant.

Notre critique du constructivisme technoscientifique, de même que notre hypothèse posant le champ biologique comme condition chronologiquement première de l'existence (entendue comme ce qui possède une durée et une dureté), pourrait laisser croire que nous défendons une certaine position vitaliste. Or nous n'affirmons pas qu'il existe une « force vitale », ni même un quelconque « mystère » de la vie. Pas plus que nous ne pensons qu'il soit possible d'avancer quoi que ce soit de scientifiquement fondé sur un au-delà du vivant. Nous n'envisageons pas le champ biologique comme la « chose en soi », mais comme un « plancher » au-delà duquel nous n'avons rien à dire – comme le disait Goethe : « Il n'y a rien à chercher derrière les phénomènes, ils sont eux-mêmes la doctrine. » Contre le projet postorganique, nous avançons l'hypothèse d'un principe organique comme base de fonctionnement du vivant à travers lequel il se déploie dans une coproduction permanente des paysages, des écosystèmes et du monde.

Nous pouvons dire, de façon apparemment tautologique, que, dans la dialectique vivant/vie, les êtres vivants sont ceux qui participent à la vie. Or pour nous, la vie, les processus et les invariants qui la caractérisent n'ont pas à être explicités par rapport à leur origine. Vitalisme et mécanicisme proposent des explications qui cherchent, au-delà du phénomène, un premier moteur. Le geste métaphysique qu'ils partagent considère le phénomène du vivant comme l'apparence de quelque chose ; pour nous, le vivant est l'apparition elle-même. Notre modèle organique a comme ambition, depuis la phénoménologie, de s'appliquer au vivant précisément parce qu'il n'y a rien à dire par rapport au mythe des origines.

Les limites propres à la phénoménologie coïncident avec les limites propres à la fragilité du vivant et à son devenir. Tout ce qui peut être objectivé comme essence dépend de l'a-priori de l'existence, sans que nulle essence transcendante puisse être conçue. Il n'y a rien à chercher derrière les phénomènes, ils sont leur propre loi. C'est sans doute la raison pour laquelle la phénoménologie, dans son exigence de frottement avec un réel *x* à jamais ineffable, implique toujours de faire preuve d'un peu de courage. S'engager dans une situation concrète exige de cohabiter avec un certain non-savoir sur cette même situation. Penser et agir dans un modèle organique ne signifient absolument pas affirmer une réalité biologique comme autorité. Bien au contraire... Un modèle organique implique une recherche permanente, avec des allers-retours, des tours et des détours. Le principe d'organicité que nous évoquons trouve son origine dans la *Critique de la faculté de juger,* de Kant, où les parties d'un organisme existent pour et par l'autre, en conformant une unité. Un modèle organique n'est pas un modèle biologique. En revanche, on peut appliquer un modèle organique à l'étude de la biologie, bien que cette approche ne soit pas dominante. Preuve en est : même dans la biologie contemporaine, tout point de vue organique reste très largement minoritaire face à l'étude réductionniste des parties et des mécanismes disloqués. Le modèle organique implique un tout autre fonctionnement que celui qu'évoque une pensée en termes de systèmes. L'organicité repose sur des hypothèses de fonctionnement qui constituent des invariants du vivant et ne peuvent se réduire à l'explication des processus comme des systèmes intégrés.

CHAPITRE II

Trois modes d'existence

Le premier pas de ce travail a consisté à établir la différence radicale entre les organismes et les artefacts, ce qui nous permettrait d'établir la singularité radicale du vivant. Cette préoccupation répond, nous l'avons vu, au désir et aux pratiques qui tentent de réaliser le grand projet de notre époque : l'homme et la vie postorganiques.

Il peut paraître étrange de nous trouver aujourd'hui dans une situation historique où une telle différence, qui pour le sens commun apparaît comme une évidence, nécessite de longues explications. Mais cela s'avère pourtant nécessaire. En témoigne le discours que tiennent actuellement certains penseurs et chercheurs, en principe non psychotiques, qui évoquent la nécessité d'établir une charte des droits des robots. Leur démarche, à peine implicite, entend abolir toute barrière, toute singularité du vivant. Droits des ouvriers, des femmes, des humains, des animaux, de la forêt… : au milieu de cette multiplication épochale des sujets de droit, on tente de faire passer par contrebande les robots, les vis, les marteaux et les clous, pour mieux dire que le vivant est, ô surprise cartésienne, un simple mécanisme.

Un organisme est toujours sa propre fin

Les grandes connaissances que nous avons acquises en sciences de la vie depuis le début des années 1950 (notamment l'ADN) nous ont fait perdre de vue tout ce qui pourrait fonder une différence irréductible, une singularité, entre le vivant et l'artefact.

Sans doute, le fait que l'instrument central de la connaissance soit aujourd'hui la machine digitale est une des causes principales de cette perte de la limite entre vivant et artefact. La possibilité de modéliser des fonctions vitales, de les transformer en algorithmes, nous a conduits à formuler cette hypothèse : tous les processus du vivant pourraient être compris comme des fonctionnements mécaniques et physiques, modélisables, reproductibles et donc modifiables. Vieux rêve, donc, que celui de dépasser la fragilité de la chair...

La possibilité d'une modélisation « complète » (où tous les éléments et parties de l'objet seraient capturés par l'information recueillie) et « consistante » (c'est-à-dire qu'un tel modèle ne contient pas d'éléments contradictoires entre eux) signifierait que tout processus biologique une fois « transformé » en information serait transparent et manipulable à volonté.

S'il n'existe effectivement pas de singularité du vivant, autoproduisant ses régulations sur un mode intérieur (un axe intensif), comme le postulent aujourd'hui de nombreuses recherches, ces transformations et ces augmentations pourront se faire au nom de critères extérieurs à l'organisme. Et ces critères d'évaluation des performances des organismes hybridés seront inévitablement quantitatifs et, il faut le parier aussi, économiques...

Or s'il y a lieu de parler de la singularité des organismes vivants, c'est d'abord parce qu'un organisme est toujours sa propre fin. Il n'est pas, contrairement aux artefacts, « au service de quelque chose » ; il se reproduit en actualisant son espèce.

En d'autres termes, un organisme n'est pas un système transitif qui puisse être « évalué » selon sa capacité à servir un but extérieur à lui-même. Longo et Bailly ont déjà mis en valeur l'une des différences majeures entre organismes biologiques et artefacts : les artefacts (produits dans un but extérieur à eux-mêmes) sont des agencements de composants élémentaires simples qui aboutissent à des constructions parfois d'une très grande complexité (selon une logique *bottom-up*) ; dans le monde de la vie, les parties « élémentaires », elles, sont toujours déjà complexes.

Les parties qui constituent le vivant sont complexes non pas en raison de leur composition physico-chimique, mais de par leur fonctionnement, toujours capturé dans ce que nous développerons plus loin sous le nom de la « double contrainte » : l'élémentaire biologique est constitué par des parties toujours d'emblée capturées et modifiées – dans leur composition ou dans leur fonctionnement – par l'organisme (mixte ou autopoïétique) dans lequel elles s'intègrent.

C'est ce que signifie la « double contrainte » : toute molécule ou particule (ou partie) intégrée à un organisme fonctionne d'un côté en accord avec son mode de fonctionnement propre, hors organisme, d'un autre, elle obéit à un second mode de fonctionnement qui dépend de l'organisme au sein duquel elle est intégrée.

Il ne s'agit pas d'une simple interaction avec le milieu, qui s'apparenterait à une résultante de forces ou à une autre interaction chimique quelconque. La double contrainte implique que dans un organisme aucune partie ne soit pas porteuse, en soi, dans son comportement, des déterminants intensifs propres à l'organisme auquel elle est intégrée.

C'est l'un des points principaux à étudier aujourd'hui : le caractère non simple, complexe, de toute partie intégrée à un organisme est à la base de sa différence radicale avec tout agrégat ou artefact.

Tout l'enjeu de notre travail est là : si des fonctionnements complexes non entièrement modélisables sont identifiables dans les organismes, en les traitant comme des particules élémentaires simples, on court le danger d'écraser des invariants vitaux que le monde digital ignore. À l'inverse, si, tel que le dit la doxa actuelle, tout est information, nous pouvons – ou nous pourrons – tout identifier et modéliser pour parvenir à ce rêve « posthumaniste » propre à la métaphysique technologique : concevoir une vie sans corps et infinie.

Précisons que s'il y a du « non-modélisable », ce n'est pas parce qu'il y aurait un interdit extérieur aux processus biologiques. En suivant la belle tradition des résultats négatifs de Poincaré (le problème des trois corps dans l'espace), il est important de comprendre la différence entre une limite et une borne, que nous évoquions dans l'introduction. L'histoire, les traces transductives des processus issus de l'évolution ne sont pas repérables dans une modélisation, aussi complexe soit-elle.

Reconnaître l'existence de limites, du non-calculable et du non-démontrable, n'implique évidemment pas de renouer avec des positions obscurantistes qui renieraient la science. Bien au contraire : les mathématiques et la physique elles-mêmes, deux sciences qui nourrissaient jusqu'au début du XXe siècle l'espoir d'une connaissance parfaite sur le monde, se sont heurtées aux limites structurelles de la connaissance positive. Pour autant, ni l'incomplétude de l'arithmétique, ni le principe d'indétermination de Heisenberg n'ont jamais signifié le désaveu de ces deux champs scientifiques. Les deux théorèmes de Gödel, d'incomplétude et d'inconsistance, comme l'incertitude en physique quantique fondent bel et bien un « non-su » infranchissable qui n'est pas un échec du savoir mais la source, et peut-être même la condition, de celui-ci. Le non-savoir de la vérité n'est pas une défaillance; c'est un moteur pour tout savoir qui existe ainsi comme une exigence.

Après les mathématiques et la physique, on ne voit guère pourquoi la biologie ferait exception, sauf à se prétendre précisément au-dessus de toutes limites. Affirmer que les théories biologiques peuvent se structurer autour d'une dynamique qui n'est pas entièrement dévoilable (c'est-à-dire qu'elle comprend des résultats « négatifs ») ne constitue en rien un plaidoyer vitaliste. Le champ de la rationalité, y compris en biologie, peut très bien comprendre qu'il existe, dans tout système, du « non-connaissable », qui n'est pas de l'ignorance. Ce non-connaissable n'est pas de l'ignorance, car il est l'effet du frottement de toute théorie, de toute technique, avec cet autre qui est, de notre point de vue, le vivant, ou ce que nous nommerons par la suite le « champ biologique ». Les êtres vivants s'autoconstruisent à travers l'histoire, qui est fondamentale pour la biologie. Cela représente un problème pour la formalisation et la modélisation: nous pouvons toujours modéliser les contraintes physiques, mais pas les traces et les événements du devenir historique qui incluent l'aléatoire, la variabilité ou encore la diversité, c'est-à-dire la partie « intensive » organisatrice des êtres vivants. C'est la raison principale pour laquelle la biologie a besoin d'une théorie différente de la physique, ce qui est en bonne partie nié par le physicalisme actuel. Le modèle organique que nous présentons se veut une collaboration dans ce sens. Ce modèle, baptisé « Mamotreto », se présente sous la forme d'un dispositif à trois étages (voir figure p. 84). Le premier, qui est également central, est le « champ biologique ». Nous empruntons ici le concept de « champ » à la physique pour évoquer un ensemble organisé et structuré de telle manière qu'il contient des unités identifiables, qui existent comme autant de modes et de manifestations de ce champ. Au-dessus de cet étage central figurent ce que nous nommerons les

« mixtes », c'est-à-dire les différentes combinatoires (langue, urbanisme, économie, technique…) qui sont des systèmes fonctionnant et se comportant comme des organismes autonomes, mais dont l'autonomie s'accompagne d'une dépendance vitale à l'égard du champ biologique.

Au niveau inférieur de notre modèle, nous plaçons la dimension composée par les objets physico-chimiques qui fonctionnent selon des lois mécaniques. Comme nous le développerons par la suite, le champ biologique est chronologiquement premier. Et ce n'est donc qu'à travers un travail de découpage, voire de production, qu'il peut isoler des parties dites élémentaires.

Ces trois étages relèvent pour nous de trois modes d'existence que nous présenterons séparément avant d'expliquer leur mode de fonctionnement et d'interaction.

Le champ biologique

D'un point de vue chronologique, le champ biologique constitue, dans notre hypothèse, le fondement de notre monde. Nous le présentons comme un « champ » en raison de ses interconnexions et interrelations permanentes.

Dans un « champ », aucun élément n'existe en effet hors contexte, en dehors de l'ensemble du champ. Ainsi, aucun organisme biologique ne peut se penser comme une unité autonome qui pourrait vivre en dehors de son écosystème, de façon déterritorialisée.

Il y a une unité substantielle du champ ; chaque organisme, chaque groupe ou espèce, serait un « pli » du champ biologique, un « pli » dont l'intérieur est tissé d'extériorité à l'image de la bande de Möbius. Dans la continuité des atomistes grecs, on pourrait dire que le champ biologique, comme le tout de l'existant, est une soupe atomique de particules et d'énergie, et qu'à ce niveau-là, aucune discontinuité n'est concevable. Il faut ainsi penser les différents niveaux d'ordre émergents – au sein desquels nous voyons apparaître des formes différentes – comme des discontinuités de fonctionnement. On peut ainsi dire qu'il existe des modes différents de fonctionnement, sans pour autant qu'il y ait une discontinuité du soubassement physico-chimique. Les plis déterminent une intériorité et un fonctionnement propres qui sont en discontinuité avec le reste du contexte. De ce point de vue, il n'y a donc pas de discontinuité du soubassement matériel, mais bien une discontinuité et une diversité très grande de fonctionnements.

C'est pourquoi nous ne pouvons pas concevoir un organisme vivant comme cet étant qui « posséderait » la vie, car la vie est plutôt à comprendre comme un phénomène de contexte : en ce sens, les organismes vivants « participent à » la vie, c'est-à-dire qu'ils appartiennent au champ biologique. Malgré l'interconnexion qui implique une coévolution des processus intriqués, des interdépendances très étroites, le champ biologique n'est pas à considérer lui-même comme un organisme. Les organismes qui composent ce champ peuvent être pensés comme des « plis » du champ, c'est-à-dire constitués du même « tissu », mais avec une autonomie, une identité relative.

Un multiple n'est pas un pur multiple mais « un » multiple avec une unité propre : les multiples participent à une unité intérieure ou extérieure qui leur donne leur être. Chaque organisme est ainsi unifié de par sa participation au champ.

L'identité et l'unité des organismes biologiques se fondent sur ce qu'on a appelé la « partie intensive », c'est-à-dire une dynamique interne, à laquelle participent les parties dites « extensives ». Ainsi, à la différence des agrégats et artefacts, les organismes perdent en permanence leurs parties « extensives ».

Prenons un exemple simple : imaginons que nous déposions une voiture chez le garagiste. Au bout de quelques jours, nous passons la chercher, et nous nous trouvons face à une voiture quelque peu différente. Le garagiste nous explique qu'il a remplacé le moteur, le châssis, la carrosserie, et ainsi de suite. Au-delà de ce que nous dit l'artisan, nous penserons à raison que ce n'est tout simplement pas là notre voiture. Un agrégat ou un artefact ne doivent leur unité, leur faculté d'être et de rester cet objet-là, qu'au maintien de leurs parties « extensives ». De la même manière que cette pierre est cette pierre-là dans la mesure où elle conserve les parties extensives qui la composent.

À l'inverse, les organismes perdent en permanence leurs parties extensives. Leur mode d'unification est donc, pour ainsi dire, interne. La condition même de la stabilité d'un organisme réside dans sa capacité à perdre et à renouveler ses parties extensives, autrement dit dans sa capacité à se maintenir loin de l'équilibre. Le maintien des parties dites « extensives » marque à l'inverse le signe d'un fonctionnement qui tend vers l'équilibre..., c'est-à-dire vers la mort. L'invariant principal de tout organisme, c'est précisément son changement permanent. Ainsi, un bébé humain demeurera, dans la durée, ce même bébé dans la mesure où il perdra en seulement quelques jours la quasi-totalité des molécules et des cellules qu'il possédait à la naissance.

Si nous pouvons utiliser ce néologisme un peu barbare, un organisme doit sa « mêmeté » (sa qualité de rester le même) à sa capacité à perdre ses parties « extensives » et à en capturer d'autres qu'il transforme pour produire ses parties constituantes en réactualisant ainsi sa partie « intensive ». En revanche, l'agrégat, on l'aura compris, doit sa « mêmeté » au fait de conserver ses parties extensives.

Ce que nous nommons « partie intensive » correspond donc non pas à du modélisable comme une partie extensive de plus, mais à un mode de fonctionnement qui se réactualise en permanence chez les organismes.

Nous trouvons ainsi, dans le champ biologique, l'ensemble des invariants et des conditions propres au vivant. Parmi eux, nous pouvons évoquer :

– la variabilité et la diversité permanentes de tout organisme et de toute espèce ;

– le caractère autopoïétique des organismes vivants, c'est-à-dire qu'ils produisent et reproduisent les conditions de leur existence et de leur reproduction ;

– le caractère profondément historique des êtres vivants – un organisme se situe toujours dans une tension permanente entre les tropismes de protention (ce vers quoi il tend, son désir, ses projections) et de rétention (ce qui dans le présent réactualise le passé) qui le constituent.

Les comportements des êtres vivants ne sont jamais une réponse mécanique (c'est-à-dire une réponse adaptative purement synchronique) au milieu. Les tropismes de rétention et de protention, issus de la très longue durée, déterminent le fonctionnement non *feedback* des organismes et de leurs comportements. Une intériorité qui configure ce que Varela appelait la « clôture opérationnelle[1] » – c'est-à-dire que les organismes sont à la fois finis, limités et autorégulés –, et les comportements propres aux êtres vivants qui se manifestent comme des niveaux, plus ou moins complexes, d'intentionnalité.

Les organismes biologiques, contrairement aux objets de la physique, n'existent pas dans le cadre du temps et de l'espace où se passent les choses. Le vivant, dans son ensemble dynamique, en tant que champ biologique, constitue la condition même de l'existence du temps et de l'espace.

Une autre caractéristique du champ biologique réside dans le fait que les échanges d'information – entre les organismes, entre les organismes et le milieu, et entre les parties propres à chaque organisme –, sont structurés selon un mode non codé, non symbolique. Le fait qu'il nous soit possible de cartographier et de nommer certains échanges et certaines structures des êtres biologiques nous fait souvent prendre, à tort, la carte pour le territoire. Ainsi Wiener prophétisait que l'homme pourrait un jour effectuer un voyage « en télégraphe[2] ».

Dans le champ biologique, les processus existent sous une forme intriquée et complexe. Leur mode de fonctionnement est celui d'une interaction physico-chimique et dynamique, dans le sens où il ne fait pas appel à un langage entre deux systèmes qui communiquent. Il suffit de penser au cas de la « communication » entre les abeilles. Leur danse qui indique l'angle du vol, la quantité de vol dans un sens, etc., n'est pas assimilable à un langage ; elle correspond à une interaction sans rupture matérielle entre les systèmes communicants. Il est bien question ici d'une continuité physico-chimique où des processus se déploient. Le trajet que l'abeille doit suivre n'est pas « encodé » dans la danse. Il s'agit d'indications concrètes qui, en interagissant avec des processus propres à l'espèce, provoquent des réponses en interaction.

L'ADN n'est pas un support d'information

C'est sans doute à ce niveau que notre désaccord avec la biologie moléculaire se fait le plus prégnant. Les processus qui s'imbriquent et se développent dans le noyau de la cellule et le cytoplasme, entre l'ADN et les ribosomes, ne sont pas, de notre point de vue, des processus de « lecture/traduction d'un code ». La forme et le type des protéines ne se trouvent pas « encodés » dans l'ADN. C'est plutôt à la suite de processus physico-chimiques complexes, interagissant avec l'ADN et dans certaines conditions épigénétiques, que des protéines seront synthétisées.

Dans l'imaginaire dominant actuel, la macromolécule d'ADN serait simplement le support (par définition remplaçable) d'une quantité d'information encodée. Selon cette hypothèse, le processus de « traduction » qui s'opère dans les ribosomes est donc en tout point comparable à celui d'une imprimante 3D : une information codée est traduite dans une série d'instructions qui permettent à la machine de produire un objet. Nous sommes clairement ici dans un cas de discontinuité matérielle. On comprend aisément qu'il existe une différence matérielle entre l'information qui parvient à l'imprimante et les processus qu'elles déclenchent.

Or, dans le cas de l'ADN, rien ne nous permet de formuler une telle hypothèse. Les ribosomes ne traduisent pas un code pour ensuite déclencher une action de production. Difficile de ne pas percevoir la contrebande idéaliste, voire spiritualiste, se cachant derrière cette hypothèse, qui suppose qu'à un moment donné l'esprit domine la matière. À l'inverse, nous pouvons tout à fait penser que nous sommes ici dans le cas très concret d'une continuité matérielle dans laquelle certains processus en déclenchent d'autres sans qu'il y ait ce moment de discontinuité. Ce sont les processus physico-chimiques eux-mêmes qui, dans certaines conditions, se développent dans un sens ou dans un autre.

Nous savons d'ores et déjà que, loin de transporter un code très strict, l'ADN, pour agir, nécessite un contexte au sein duquel poursuivre son fonctionnement chimique. Les rêves du type *Jurassic Park* sont ridicules précisément pour cette raison : le fonctionnement de l'ADN s'arrête ou se modifie radicalement selon le contexte où a lieu le processus matériel.

Comme nous l'avons déjà dit et répété, la grande question de notre époque réside sans doute là : étant donné cette discontinuité physico-chimique (ce moment de la traduction depuis une information immatérielle jusqu'à la matière), serait-il possible de recueillir toute l'information – et, plus encore, de capturer l'ensemble dynamique qui constitue un organisme – pour l'enfermer dans un code immatériel en vue de la matérialiser plus tard ? On connaît aujourd'hui la réponse dominante : puisque tout est information, tout est donc potentiellement modélisable et transformable. Or une telle réponse, en ne tenant pas compte de cette discontinuité, ignore en même temps la complexité profonde des processus qu'elle cartographie en croyant subsumer le territoire.

Les liens entre les différentes parties d'un organisme relèvent d'un type de rapport et de continuité particulier. Nous avons déjà évoqué la définition que donne Kant de ce rapport dans la *Critique de la faculté de juger* : chaque partie est pour et par l'autre. Ce « pour et par l'autre » évoque le mode global où les parties de l'organisme participent ainsi à la continuité entre les parties et comprend également une « continuité sans contiguïté », c'est-à-dire qui n'est pas seulement de l'ordre d'une proximité géographique.

Il est ainsi évident qu'entre les « puits » (par exemple, les glandes) et les « sources » (par exemple, les organes), il n'y a pas une communication qui repose sur la contiguïté, mais sur une continuité dynamique.

Les liens qui constituent cette continuité sont caractérisés par Longo, nous l'avons vu, comme un « état critique étendu », où la longueur de corrélation entre les parties tend à l'infini. Ces liens dynamiques sont à penser comme des « liens subtils », c'est-à-dire qui n'existent pas sous le même mode que les liens modélisables et prévisibles, les « liens concrets ». Les premiers sont surtout diachroniques et très complexes ; les seconds plutôt synchroniques, et leur trajectoire passée est identifiable dans la situation présente.

L'état critique se caractérise par un rapport particulier entre le global et le local, dans lequel la variable « globale » se manifeste dans chaque partie locale, sans qu'il y ait dans l'organisme une partie qui soit assimilable à cette globalité hors le multiple local. Un organisme biologique possède en général des parties vitales, mais jamais des parties « centrales ». Au total, il est nécessaire de comprendre que le champ biologique, c'est-à-dire la vie elle-même, est, de ce point de vue, condition de l'existence.

L'état critique étendu d'un organisme fonctionne, entre autres, selon un mécanisme que nous avons qualifié de « double contrainte ». Celui-ci capture l'ensemble des éléments qui composent un organisme. De ce point de vue, il n'y a pas à rechercher une dimension particulière à partir de laquelle nous pourrions affirmer que nous sommes en présence du vivant. Celui-ci, au contraire, se caractérise par le fonctionnement « état critique/double contrainte », qui se joue à tous les niveaux de chaque organisme. C'est la raison pour laquelle, si nous pouvons sans difficulté identifier des organes vitaux, il est en revanche impossible de désigner une centralité quelconque du vivant par rapport à laquelle les cellules, les organes et les tissus seraient périphériques.

Si, d'une façon très concrète, nous pouvons définir l'existence comme ce qui possède une durée et une dureté, et dans le temps et dans l'espace, cette durée et cette dureté ne peuvent exister que pour et par des êtres vivants qui peuvent l'éprouver. C'est parce que des corps vivants sont affectés par des stimuli « x » qu'ils peuvent, en accord avec la conformation de leurs corps, éprouver et être en relation avec des objets existants. C'est parce que les organismes biologiques sont discrets, découpés, avec des bornes et des limites, qu'ils peuvent découper leur milieu, le discrétiser en coévoluant avec lui. Le milieu a un sens pour les organismes précisément parce que ces organismes sont limités. Chaque corps coconstruit les objets avec lesquels il est en relation par rapport à la constitution de son propre corps. Comme l'écrit Poincaré, il existe autant de dimensions dans l'espace que de muscles...

Comme nous le verrons, les artefacts et les particules peuvent interagir mais ils ne peuvent pas être affectés. L'affection est le propre du champ biologique. Elle est sous condition de la finitude et de l'histoire de ce champ et des organismes qui la composent. Un artefact est toujours – et au-delà de sa complexité – un pur extérieur. Il ne produit pas ses parties à partir de sa propre singularité. Un artefact peut toujours associer d'autres parties extensives à sa structure (il est toujours possible d'y intégrer d'autres modules), mais il ne « découpe » pas son milieu, il agit toujours dans une continuité infinitésimale mécanique. Un artefact n'est jamais autodécoupé. C'est son utilité, établie depuis l'extérieur, qui lui confère une unité. Ainsi nous voyons et utilisons un téléphone, mais les parties qui composent ce téléphone ne sont pas un téléphone. Les artefacts ne se structurent pas autour d'un « en-soi » ; ils n'existent que « pour autrui ».

Les agrégats

Les agrégats sont le fruit d'un découpage et d'un réagencement de la part des organismes biologiques (individuellement, mais surtout sous l'effet de l'agir de la multiplicité de chaque écosystème et des espèces). Ils doivent leur unité à un principe d'unification extérieur à eux-mêmes, puisque leur unité dépend du maintien de leurs parties extensives.

Les agrégats peuvent être des unités de matière inerte (pierre, outils, particules), ou bien des artefacts intégrant un fonctionnement technique avec une finalité concrète – par exemple un ordinateur, un Smartphone, un robot… Le monde des agrégats existe sous des formes génériques, c'est-à-dire en suivant les lois physico-chimiques. Chaque artefact, chaque unité, est particulier mais, à la différence des organismes, « particulier » ne veut pas dire pour eux « singulier ». Car, si la singularité est le moyen pour un organisme de subsumer en un point toute une structure globale, pour les agrégats le global renvoie seulement à la somme de leurs parties.

Les agrégats coémergent donc avec les organismes biologiques, dans cette permanente coproduction du champ biologique entre vivant et inerte.

Si tous les organismes et les colonies d'organismes existent dans cette production de soi et du milieu, seuls certains mammifères produisent un type d'agrégat que l'on peut nommer des outils. Et, bien sûr, seuls les humains coévoluent avec la production d'appareils et d'artefacts techniques, en produisant en permanence de nouveaux modes d'hybridation humain/artefact.

La coévolution des humains avec les outils et les artefacts obéit fondamentalement aux mêmes mécanismes que ceux qui régissent la coévolution des espèces. C'est-à-dire, principalement, au recyclage et à la délégation de fonctions par lesquelles, dans la production sociale de leur existence, les humains s'hybrident sans cesse avec leurs artefacts et leurs techniques. Cela ne signifie pas pour autant que les artefacts soient une espèce.

Les artefacts peuvent discrétiser le milieu dans lequel ils existent. Toutefois, cette discrétisation (cette séparation en unités finies et dénombrables) est très différente du découpage organique. Elle n'obéit pas à une partie unificatrice intérieure, mais au principe extérieur selon lequel l'appareil a été programmé. Un artefact peut toujours démultiplier ses capteurs. Pour autant, quel que soit leur nombre, et aussi fins et précis soient-ils, le dispositif digital captera toujours sous le mode d'une information « discrète », avec un arrondi net entre l'unité captée et son milieu. Un tel mode n'a rien à voir avec les processus inextricables, infinitésimaux, par lesquels les organismes découpent les éléments de leur milieu et interagissent avec.

Le mode mécanique de fonctionnement des processus physico-chimiques et des artefacts est caractérisé par un fonctionnement *feedback* mécanique : toute continuité est due à la contiguïté, même si cette continuité change de support.

Un agrégat doit son unité au fait de conserver en permanence les parties extensives qui le composent. Cela vaut aussi pour lesdites particules élémentaires, qui existent et interagissent sur le mode d'une agrégation. Ainsi, si les processus organiques sont centrifuges, l'agrégat est centripète : on peut toujours coller des modules ou des parties pour qu'ils adhèrent à une unité qui vient du dehors vers le dedans.

Le seul mode de fonctionnement observable dans le champ physico-chimique qui semble le plus proche de la complexité biologique est celui des « structures dissipatives » décrites par Prigogine, c'est-à-dire des états de transition de phases dans lesquels il existe un mode global critique de relation entre les parties. Lorsque l'eau change d'état, passant du liquide au gazeux, ou au solide, donc par des transitions de phases différentes, toutes les molécules qui composent la structure, le système, se réagencent, se réordonnent, produisant un ordre (« entropie négative »). Chacune des molécules entretient, à chaque transition, un rapport très particulier avec toutes les autres, avec le global, qui n'est plus central ni ne correspond à la somme de ses éléments. Il passe dans le local, dans chaque molécule. Mais, dans le monde physico-chimique, comme nous l'avons vu, ces états critiques sont toujours ponctuels.

Les mixtes

Les mixtes constituent un troisième mode d'être : ils se comportent d'une part comme des organismes – ils déterminent une stratégie propre, incorporent et perdent des éléments –, et d'autre part comme des agrégats. En effet, contrairement aux organismes, ils ne sont pas autonomes et dépendent de leur capture par des organismes vivants pour fonctionner. Ainsi les mixtes, pour garder leur unité et pour fonctionner, dépendent de leur rapport avec le champ biologique dont font partie les humains.

Les mixtes n'impliquent pas une substance autre, mais ils correspondent à un autre fonctionnement de la substance, ce qui suppose donc également une certaine autonomie par rapport au champ biologique.

L'ensemble des mixtes compose les processus qui constituent une culture. Ces processus ne sont pas exclusifs à l'espèce humaine. En suivant notamment les travaux de Dominique Lestel, nous devons conclure que la plupart des espèces animales produisent des fonctionnements « mixtes », culturels ou proto-culturels, qui participent en grande partie à la motivation de leurs comportements[3]. Les animaux non humains, à l'instar des animaux humains, connaissent donc eux aussi une tension conflictuelle, entre les mixtes auxquels ils participent et les tropismes biologiques qui les constituent, dans la production de leurs actes (certes à un niveau qualitatif et quantitatif inférieur à l'espèce humaine).

Les mixtes sont ainsi dépendants des éléments capturés dans le champ biologique, et indépendants dans leur fonctionnement. S'ils peuvent déterminer des stratégies propres, « des stratégies sans stratège », c'est parce qu'ils se comportent comme des organismes, en délimitant des frontières qui agissent comme des « clôtures opérationnelles », c'est-à-dire des découpages qui correspondent à leur mode de fonctionnement interne.

Parmi les mixtes, nous pouvons évoquer, entre autres : la langue, la macroéconomie, l'urbanisme, mais aussi la technique. Celle-ci, à l'instar de l'urbanisme, est composée, en tant que mixte, de parties symboliques (programmes, modèles…) et de parties matérielles qui sont des agrégats s'agençant et fonctionnant d'après les modèles théoriques.

Les mixtes sont également constitués par des macro-organismes qui incluent notamment des organismes multiples ou des organisations d'organismes. C'est la raison pour laquelle les macroprocessus qu'ils produisent apparaissent très éloignés de toute maîtrise sociale ou individuelle. On peut alors parler de « superorganismes », dont la culture est sans doute l'exemple le plus clair.

Comme les mixtes ne possèdent pas d'autonomie totale, ils doivent, pour fonctionner, « capturer » les cerveaux des hommes, leurs corps, mais aussi tout élément de l'écosystème.

Les mixtes n'étant pas autopoïétiques, leur unité et leur énergie dépendent de la capture des êtres du champ biologique. La langue est ainsi un être mixte par excellence. D'un côté, elle capture de nouveaux éléments extensifs ; de l'autre, elle en perd. En revanche, contrairement aux organismes biologiques, la langue est centripète. Pour se développer, elle capture des hommes mais aussi des cerveaux et des paysages.

Il est évident que ces macroprocessus et ces macro-organismes n'existent pas dans une dimension substantielle autre que celle du champ biologique. Ils sont matériellement constitués par un soubassement d'éléments qu'ils capturent depuis ce champ. Leur qualité « macro » est donnée par leur fonctionnement, qui s'articule avec ce soubassement. Nous sommes bien là dans une continuité de substance avec une discontinuité de fonctionnement. Pour autant, il ne faut pas tomber dans l'erreur qui rétablirait un dualisme selon lequel le champ biologique serait la matière corporelle et les mixtes relèveraient des Idées. Au contraire, idées et matière, à l'instar des deux attributs de la substance (la pensée et l'étendue), se distribuent dans l'ensemble de la substance. S'il est clair que le mode de manifestation des idées opère par sauts qualitatifs et irréversibles (depuis le fonctionnement biologique en passant par la protopensée animale, y compris les instincts, jusqu'à la pensée conceptuelle humaine), leur mode d'existence doit bel et bien se définir comme *la* dynamique de l'étendue. C'est pourquoi tout dualisme est impossible : aucune idée corporelle ou conceptuelle ne peut exister séparément de la matière dont elle est la dynamique. Ce mode propre d'existence des idées, qui possèdent au niveau conceptuel un fonctionnement autonome relatif, ne peut se concevoir en dehors de leur substrat matériel. Seuls les organismes sont structurés ainsi autour d'un principe substantiel propre. Les artefacts comme les agrégats dépendent de l'unité substantielle organique. Bref, pas d'étendue sans pensée, ni de pensée sans étendue.

Le champ des mixtes correspond à la dimension du symbolique par excellence, où la communication entre les parties est fondamentalement codifiée. Le mixte existe comme une unité symbolique dépendante, qui capture des éléments organiques et inertes pour assurer son fonctionnement, en déterminant une stratégie propre. Contrairement à ce que laisse entendre le sens commun, les mixtes, à l'instar de la macroéconomie, ne fonctionnent pas pour ou contre les humains. Ils fonctionnent sans conscience ni intentionnalité, mais dans une autonomie qui, il est vrai, se révèle parfois terrifiante.

Malgré le rapport particulier qui existe entre les humains et les mixtes, nous ne pouvons pas penser les mixtes comme le résultat ou l'émergence du seul soubassement humain. Ainsi, la culture (un mixte complexe comprenant un ensemble de mixtes) est le produit d'un ensemble de processus issus du champ biologique. Au sein de ce champ, l'espèce humaine occupe sans aucun doute une place essentielle. Reconnaître cette place n'implique pas pour autant qu'il faille octroyer à l'espèce humaine la paternité de la production et du fonctionnement des mixtes.

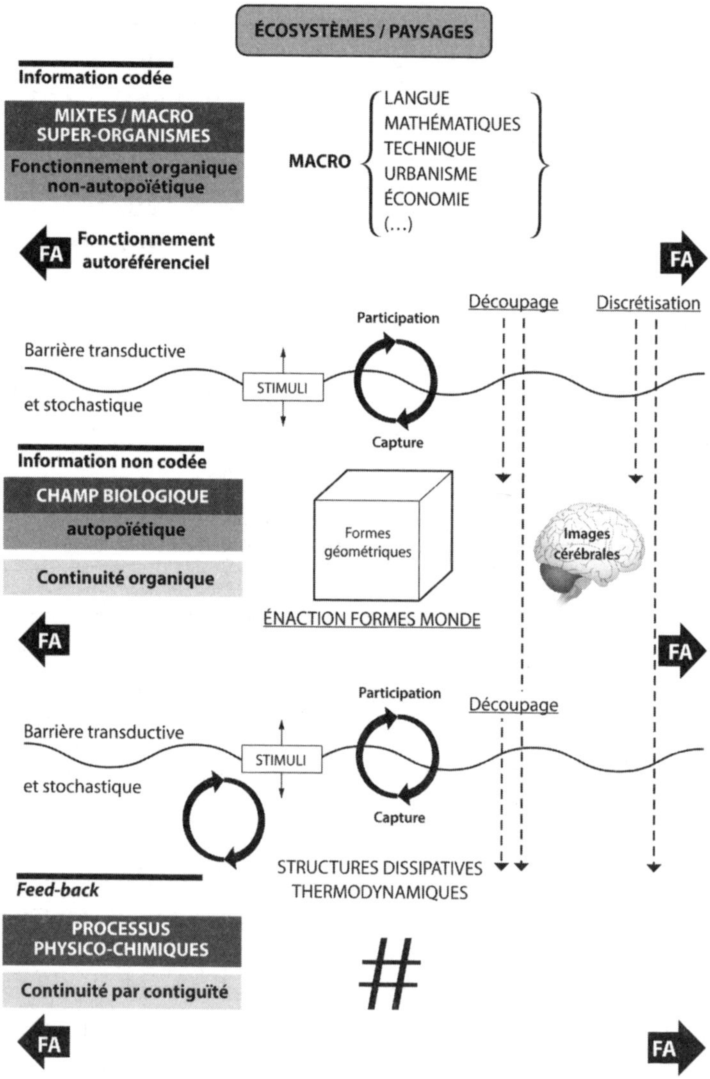

CHAPITRE III

Les dynamiques du Mamotreto I Pour un nouveau modèle organique

L'une des caractéristiques propres de tout mixte est de se présenter comme la « vérité », ou l'essence des processus, en tentant de dépasser les dimensions biologiques. Les mixtes possèdent un fort tropisme à l'autonomie à l'égard des dimensions du champ biologique. Même si cette autonomie est structurellement impossible, elle définit un champ de conflit entre les mixtes et le vivant qui la soutient.

Ainsi, la langue est apparue comme la « vérité » de l'humain : l'homme est l'étant qui parle. Et il puise, selon le principe de Platon, ses racines dans le ciel et non dans la terre… Dans *La République*, le philosophe postule que les corps sont les simulacres et que les Idées sont *la* réalité. De la même manière, l'écriture affirmera plus tard être la vérité face aux corps « corruptibles ».

La technoscience actuelle reprend à son compte cette vieille utopie idéaliste. Elle nous promet de dépasser les limites des corps pour vivre dans le ciel, non pas platonicien, mais dans celui des algorithmes, accomplissant ainsi le rêve (ou plutôt le cauchemar) des religions et des idéologies. En d'autres termes, elle nous promet une vie au-delà des contraintes matérielles propres à la vie. Une telle promesse nous renvoie ni plus ni moins à la colombe dont parle Kant, en référence à Platon, qui imagine qu'elle réussirait bien mieux à voler sans la résistance de l'air.

Les mécanismes de la conflictualité

Il faut bien reconnaître qu'entre l'écriture, la langue et la digitalisation, il existe un axe permanent, une direction commune. Mais force est de constater qu'avec la digitalisation du monde, qui postule un monde intégralement modélisable, nous faisons un pas structurel et radical de plus qui correspond à une déterritorialisation presque finale. La digitalisation met à l'œuvre une discrétisation tellement serrée et exacte qu'elle tourne le dos au monde réel. C'est là que se manifeste toute la différence entre les procédés mathématiques de discrétisation et les procédés phénoménologiques de découpage. Ceux-ci désignent en effet l'opération par laquelle un organisme vivant, parce que fini, limité, découpe dans une véritable coconstruction son environnement. Or un tel découpage n'implique pas une rupture avec le soubassement physico-chimique auquel tous les deux appartiennent. De la même façon, les mixtes, comme la langue ou l'écriture, fonctionnent organiquement dans un découpage coévolutif avec le milieu. À l'instar de la musique, les sons de la langue sont produits dans une continuité infinitésimale avec des territoires concrets. Leur sens même dépend de cette coconstruction. Ainsi, les peuples des montagnes qui produisent la musique des flûtes élaborent également les mots qui peuvent nommer les cimes et les hauts plateaux. À l'inverse, la discrétisation mathématique a précisément comme essence sa non-territorialisation, c'est-à-dire une indépendance totale à l'égard d'un territoire d'enracinement. L'erreur serait ici toutefois de confondre les mécanismes de discrétisation avec les mathématiques elles-mêmes, comme l'explique Giuseppe Longo :

> Les mathématiques, outils de la détermination formelle, se dessinent sur la voie phénoménale à l'interface entre nous et le réel qui fait bien sûr friction et canalise le geste cognitif mais qui est organisé par le même geste[1].

Autrement dit, la « ligne sans épaisseur » d'Euclide (cette ligne par excellence, sans possibilité d'existence réelle) représente, pour le monde de la langue et de l'écriture comme pour les mathématiques, un horizon qui reste inatteignable tout en ordonnant les pratiques possibles. En revanche, dans le monde digital, cette ligne sans existence réelle constitue bel et bien le plancher sur lequel le monde déterritorialisé des unités digitales se construit. Ici réside selon nous l'une des deux grandes différences entre ces deux combinatoires.

Les modèles référentiels du type de ceux de « la ligne sans épaisseur », comme les plans quinquennaux ou les utopies sociales, fonctionnent en se confrontant en permanence au réel des corps qu'ils essayent de discipliner, produisant et reproduisant ainsi une conflictualité profonde. Si « la ligne sans épaisseur » idéaliste tente par tous les moyens de faire ressembler le territoire à la carte, elle le fait sans pour autant nier toute altérité au territoire. Celui-ci continue d'exister dans la carte par des lignes de non-compossibilité qui limitent et sculptent en retour la carte. À l'inverse, dans le monde digital, le principe du « tout est information » réduit les territoires à un simple mode d'existence de la carte. Ce qui, dans le territoire, résistait à la modélisation, devient ainsi, dans le monde des modèles digitaux, du « bruit dans le système ».

La deuxième grande différence relève du mode de fonctionnement propre à ces combinatoires. La langue et l'écriture, dans leur tentative de modifier le territoire, procèdent toujours de l'extérieur. D'où le maintien d'une interface conflictuelle entre les mixtes et le champ biologique. À l'inverse, les techniques digitales, intégrant aujourd'hui le vaste champ des NBIC (nanotechnologies, biotechnologies, informatique et sciences cognitives), s'emparent du territoire, le disloquent et le transforment depuis l'intérieur. Dans cette logique opératoire, c'est le territoire qui se dissout dans la carte. Voilà pourquoi nous avons parlé, et parlerons plus loin, d'une « discontinuité matérielle ». Car à la différence de la langue et de l'écriture, qui fonctionnent selon ce qu'on pourrait nommer un principe analogique, dans la digitalisation, plus rien de la matière ou de la substance qui constitue le monde réel ne persiste. Elle laisse place à une dimension de la pure abstraction. Dans ce mouvement d'internalisation, rien ne s'oppose à la digitalisation, car elle-même ne s'oppose à rien. Sa violence ne réside pas dans un quelconque projet de domination mais plutôt dans le déploiement d'une pure puissance opérationnelle conduisant à la dérégulation et à la dislocation de toutes les formes d'altérités et d'identités singulières, jusqu'à l'effacement du niveau biologique lui-même.

Comme nous le verrons, loin de toute position technophobe et diabolisante de la technique, nous sommes convaincus que le déploiement d'une interface de conflictualité entre le digital et le territoire est possible et nécessaire. Notre travail y apporte humblement sa contribution, mais nous en sommes pour ainsi dire à l'avant-veille du commencement.

La continuité entre la langue, l'écriture et le champ biologique résulte de la conflictualité entre le champ biologique et les mixtes, à l'image, comme nous le verrons, des rapports entre les rites et les rythmes. À ce niveau, il faut comprendre la conflictualité comme cette activité qui tisse une toile dynamique entre des termes différents. Les mots, ni écrits, ni parlés, n'ont pas comme nature de représenter la chose. La langue est une combinatoire semi-autonome qui n'est pas réductible à un outil de communication. Et c'est justement en raison de cette autonomie limitée qu'elle reste vitalement dépendante du rapport conflictuel avec le champ biologique. Cette conflictualité est aisément identifiable dans la vie individuelle comme dans celle des sociétés. Même les plans quinquennaux tracés à l'équerre et au compas trouvèrent un jour ou l'autre par le passé la réalité des corps et des écosystèmes comme résistance. De même que dans notre vie individuelle – si nous sommes honnêtes –, la plupart de nos projets rationnels ne résistent pas longtemps face à la réalité de nos corps réels. Cette conflictualité se manifeste par l'émergence du sens dans la langue, l'écriture, et plus globalement dans le monde des idées. Comme nous l'avons vu à travers l'exemple de Borges, c'est l'ancrage, l'enracinement situationnel dans le réel biologique qui opère une donation de sens au monde symbolique. Ces processus procèdent par l'émergence d'une série d'asymétries dans la dimension symbolique, causée par son frottement situationnel avec la dimension biologique. Et, même si c'est bien malgré eux, les plans quinquennaux, comme les différentes idéologies et projets qui visent à contrôler et à encadrer le champ de la vie, ne peuvent pas ignorer ce frottement.

Comme nous l'avons évoqué précédemment, la digitalisation ne tend certainement pas à discipliner le monde réel, précisément parce qu'elle lui nie toute singularité structurelle qui le rendrait irréductible au monde digital. C'est pourquoi l'opérationnalité digitale se développe en dehors de tout sens.

Si celui-ci dépend de la rencontre conflictuelle avec un réel non symbolisable, alors le sens échappe aux possibilités de la machine. Or le refoulé s'entête à revenir ; le monde digital est chargé d'un sens saturé et unique : celui de l'augmentation.

Celle-ci s'est aujourd'hui imposée comme le mot d'ordre de toute activité : augmenter la vie, le cerveau, les performances, la quantité d'amis, de relations…, le tout dans une pure logique quantitative. Au moins deux raisons peuvent expliquer cet engouement, voire cette fascination, pour ce nouveau sens de la vie. La première, certainement la plus importante, se situe au sein même des objectifs transhumanistes d'augmentation qui puisent leur force dans le fait de reprendre la promesse messianique d'une vie après la mort revisitée sous la nouvelle version d'une vie après les corps. Au cœur de la plus haute technologie, la haine platonicienne et religieuse des corps explique le véritable attrait du public pour les techniques digitales. La deuxième repose sur le fait que la digitalisation se construit comme un simulacre des mécanismes fondamentaux propres au vivant. Le vivant explore tous les possibles en suivant un tropisme qui le pousse à explorer sa puissance en expérimentant et en modifiant ses limites. Or, les limites, pour reprendre à nouveau la distinction kantienne, ne sont pas à confondre avec les bornes. Si celles-ci confinent et diminuent la puissance d'agir, les limites sont la condition même de cette puissance. La structuration des limites implique le monde hiérarchisé et qualitatif propre à la vie. À l'inverse, pour le simulacre de l'augmentation, il n'existe plus aucune limite : il n'y a que des bornes à abolir. La force d'attraction de la promesse de l'augmentation et du tout quantitatif réside précisément dans sa capacité à singer le mouvement d'exploration de la puissance et des possibles propres au vivant.

La barrière transductive et stochastique

Le mécanisme de la conflictualité entre les mixtes et le champ biologique est structuré par ce que nous appellerons la « barrière transductive et stochastique ».

La transduction désigne un mode d'interaction entre deux systèmes, plus ou moins autonomes, qui s'effectue par des stimuli allant de l'un à l'autre. Pour le système récepteur, ces stimuli ne représentent en aucun cas un « message codé ». La transduction n'est pas la traduction d'un message ! Le système récepteur est plutôt « perturbé » par un stimulus qui peut être un simple bruit asémantique. En réalité, ce qui pour le récepteur existe comme un bruit n'est pas autre chose pour l'émetteur que son propre fonctionnement, qui dérange de façon non intentionnelle le système voisin. Face aux excès de l'idéologie de l'information, il est important de souligner que les processus transductifs et les stimuli qui les constituent ne sont pas assimilables à une information. C'est ce que, faute de mieux, j'avais précédemment appelé l'« information non codée[2] ».

Ainsi la transduction implique que, dans le fonctionnement propre d'une dimension, un dérangement, un bruit, produit un stimulus qui pénètre, d'une manière ou d'une autre, dans le système. C'est pourquoi la transduction n'est pour nous jamais une traduction ; et ce que nous reconnaissons comme un stimulus venant perturber un système n'est donc pas à prendre comme une information (au sens de la « théorie de l'information », c'est-à-dire l'information comme mesure indépendante de tout contenu, de tout sens ou de toute valeur pour un être vivant, et sans rapport avec un support physico-chimique). De même que l'action provoquée par ce stimulus (selon une dynamique autoréférentielle) ne peut être assimilée à une circulation d'informations. À ce concept physique d'information, simple avatar d'une énergie protéiforme, nous opposons, en suivant

René Thom, celui de « signe biologique » (ou « saillance »), ce qui fait sens (« prégnance ») pour un récepteur.

L'autre caractéristique de cette barrière est d'être stochastique. Un système fonctionne sur un mode stochastique dès lors qu'au-delà de sa stabilité générale il possède au moins une variable aléatoire non prédictible. Or les stimuli qui perturbent l'autre étage à travers cette barrière ne trouvent jamais le système récepteur dans le même état. En d'autres termes, les mêmes « causes » ne produisent pas les mêmes « effets ». Cela milite encore fortement contre toute assimilation de la communication entre étages à un simple système d'échange d'informations codées et traduisibles.

Comprendre le caractère transductif de cette barrière permet également de saisir un autre mécanisme pour le moins contre-intuitif.

Si la pensée, en tant que combinatoire mixte, n'a pas la possibilité de « traduire », dans la langue, les stimuli en provenance du champ biologique de manière univoque, nous devons conclure que ce qui se passe au sein de notre propre corps, et ce que nous pouvons en savoir à un niveau conscient, sont deux choses très différentes. L'un et l'autre restent d'un côté et de l'autre de cette barrière.

Autrement dit, sur un plan qualitatif, la possibilité que nous avons d'être informés des processus concrets de nos corps est aussi éloignée de nous que celle de connaître la vie d'une vache à travers ses processus biologiques. D'un point de vue quantitatif, nous ne contestons pas le fait que nous pouvons obtenir – pour des raisons évidentes de promiscuité – plus de nouvelles de notre propre corps que de stimuli en provenance de celui d'une vache. Reste que les hypothèses produites sur notre corps par la pensée demeurent qualitativement aussi éloignées de la réalité que celles qui sont émises sur n'importe quel autre organisme biologique.

La pensée se développe grâce aux stimuli des corps. Ceux des corps humains, mais aussi ceux de la totalité des corps qui coconstituent le champ biologique. C'est pourquoi nous ne pouvons que constater l'inanité de la fameuse question : « Un ordinateur peut-il penser ? », étant donné que les cerveaux humains eux-mêmes ne pensent pas. Ils participent à la combinatoire qui produit la pensée dans cet aller-retour de stimulations réciproques, et ce sans qu'il y ait jamais, à aucun moment, traduction.

Rites et rythmes

Pour comprendre le rôle de cette barrière dans les relations entre deux dimensions du modèle, nous pouvons prendre l'exemple des liens subtils qui existent entre les rythmes et les rites. Si le champ biologique fonctionne d'après une série complexe d'horloges et de rythmes biologiques intégrés, les mixtes se déploient en suivant une série de rites qui sont l'expression symbolique, individuelle ou sociale, des rythmes biologiques. Entre rites et rythmes, il n'y a pas de « traduction », mais un rapport que nous avons défini comme transductif.

Ainsi, même si les rites de toute société changent en permanence (de façon plus ou moins rapide), il n'existe pas de vie symbolique (ou même du sens tout court) sans de véritables noyaux de rites qui demeurent dans la diachronie. La permanence de ces rites est l'expression du rapport d'interdépendance qui existe entre les mixtes et le champ biologique. Ce rapport entre rites et rythmes est extensif, sous des formes très différentes, aux autres espèces. Les comportements « visibles » des animaux manifestent également cette interaction. C'est pourquoi nous ne pouvons changer les « rites » des animaux que dans des limites très concrètes car ils correspondent aux rythmes biologiques propres à l'espèce – et les protègent, même. Pour un humain comme pour un animal, l'isolement sensoriel en cellule, qui consiste à casser tout rite, finit par disloquer les rythmes biologiques et, dans certains cas, entraîner la mort. Bel exemple de différence avec la vie artificielle : nous ne connaissons pas de machine qui soit morte en cellule (heureusement pour Amnesty International...). Cela touche au sujet tragicomique du droit des robots.

Toute phrase d'un rite est à penser comme une périphrase d'une phrase qui n'existe pas. Cette interface de conflictualité avec le champ biologique produit des frottements qui interfèrent dans le fonctionnement des mixtes, mais ces frottements existent comme autant de stimuli asémantiques. Les rites ne sont pas des traductions des rythmes. Toutes les théories biologiques qui portent sur un fonctionnement concret des organismes vivants trouvent ici leur limite structurelle. Elles ne sont jamais les énoncés d'un rythme biologique quelconque, mais une série d'énoncés plus ou moins x-tolérants (c'est-à-dire de consonance plus ou moins viable) avec les rythmes évoqués.

La différence entre un énoncé théorique et un rite réside dans le fait que les rites possèdent une unité conflictuelle intime avec les rythmes : au cœur de tout rite, la logique rationnelle trouve un noyau indéchiffrable qu'elle ne peut que constater. Combien de tentatives anthropologiques ont échoué en voulant dévoiler et expliquer la cause rationnelle des segments d'un rite. Les exégèses utilitaristes restent toujours en décalage par rapport à la complexité intégrée des rites, aux liens subtils consonants qui les relient aux rythmes biologiques. Si toute théorie, pour être rationnelle – certains diraient scientifique –, doit accepter sa nature de fiction opératoire, les rites, en revanche, ne possèdent pas cet impératif fictionnel, en raison de leur racine organique, non soluble en rationalité.

Par exemple, à certaines époques de l'année, il n'est pas rare de croiser sur les hauts plateaux du nord-ouest de l'Argentine, de petits groupes d'Indiens kollas se dirigeant vers des sommets souvent situés à plus de 5 000 mètres d'altitude. Ils rejoignent de petits autels construits par leurs ancêtres en l'honneur de la Pachamama. Ces pèlerinages nécessitent de longs mois de préparation au sein du groupe familial et s'effectuent toujours en compagnie de quelques lamas et de chiens. Il suffit d'observer ces cortèges pour comprendre qu'ils ne sont certainement pas structurés comme un spectacle. Ils correspondent à une harmonie qui évoque la circulation du vivant à ces altitudes où l'oxygène est rare et où la Pachamama est très exigeante pour offrir ses fruits. La sécheresse, le soleil qui calcine les roches, le vol du condor, la puissance tellurique, les traces immémoriales des mers qui recouvraient cette région avant que le pli géologique donne naissance à la cordillère des Andes... : tout cela participe à une série de rythmes agencés et intégrés, qui conforment un paysage. Les rites sont la façon humaine d'y participer. L'Indien qui y prend part, pas plus que l'anthropologue, ne peut expliquer et justifier cet ensemble de gestes dans un réductionnisme utilitariste et linéaire.

Toutes les tentatives positivistes ou néopositivistes qui prétendent ainsi déchiffrer l'origine des rites, du sacré et du tabou, se heurtent à une démultiplication des angles morts – dus, en bonne partie, à leur propre tentative d'explications. Combien d'explications d'ordre culinaire ou de sécurité alimentaire ont essayé de percer les origines du casher ou du halal ! L'aporie réside dans le fait que les rites obéissent majoritairement aux lois de l'évolution : ils agrègent ou articulent, incorporent ou expulsent, des segments de leurs structures qui ne peuvent pas s'expliquer uniquement par des causes endogènes aux rites. Les récits qui accompagnent la réalisation des rites ne sont ainsi nullement à prendre comme l'explication du mythe de référence, même s'ils expliquent parfois les pas successifs du rituel, qui ne doivent pas être confondus avec ses causes. Nous devons nous débarrasser de toute vision folklorique, touristique, des rites si nous voulons comprendre leur mode de fonctionnement.

Les comportements des hommes modernes sont eux aussi structurés par des rites, bien que l'une des causes majeures des psychopathologies de l'homme urbain occidental réside précisément dans le fait que l'ensemble de ses comportements est structuré, ou plutôt déstructuré, par une série de segments de rythmes disloqués. Comme l'écrivait Antonio Gramsci dans ses *Cahiers de prison*, l'homme moderne est un mélange inharmonieux de préjugés, de croyances, de traditions, de rationalisme et parfois même d'un peu de raison. La même personne qui travaille sur un ordinateur s'adonnera à de petits rites avortés pour expliquer ou tenter de maîtriser sa réalité. L'idéal de l'homme moderne fut toujours de se débarrasser des rites, des traditions et des mythes qui, du moins croyait-il, l'enchaînaient à une corporéité l'éloignant de la raison. Nous pouvons ainsi identifier d'honorables prédécesseurs au désir transhumaniste chez les tenants du cartésianisme, pour lesquels une raison sans corps correspond à l'être de l'être humain, par opposition au corps-machine. Le plus fervent moine du transhumanisme ne saurait pas mieux dire.

Mais, après tout, pourquoi évoquer le corps en parlant des rites et des comportements humains ? La réponse est justement que les rites appartiennent à des processus complexes, au sein desquels toute pensée s'enracine profondément dans l'intensif de la corporéité. Pas d'imaginaire, pas de raison, pas de désir de connaissance sans le corps. Au début de la grande aventure du monde digital, le grand Turing se posait la question de la possibilité pour un ordinateur de penser. Or nous savons qu'il n'y a pas de pensée, pas d'activité corticale non incorporée au corps[3]. Telle est l'hypothèse principale qui constitue l'axe de notre modèle organique : l'ensemble des rites qui constituent le socle des comportements humains puisent leur forme et leur puissance dans le rapport transductif qu'ils entretiennent avec les rythmes biologiques, eux-mêmes articulés aux fonctionnements et aux cycles de chaque écosystème.

L'homme postmoderne, que l'on devrait en réalité qualifier d'hypermoderne, ne veut plus seulement se débarrasser des mythes, il affiche comme objectif celui de s'affranchir des rythmes biologiques eux-mêmes. En témoignent les millions de dollars investis par la NASA pour diminuer le temps de sommeil (les cycles sympathique et parasympathique), ou encore les recherches menées pour déléguer une série de fonctions associées au cerveau et aux corps à des artefacts « mieux conçus » et « plus performants », jusqu'au délire réactionnaire et pathologique d'une vie débarrassée de la mort.

Aujourd'hui, le monde structuré par la finance et la consommation teintée d'activités ludiques capturent les segments disloqués des humains, des sociétés et des écosystèmes pour les agencer dans un système qui se présente comme la seule rationalité possible : celle de l'augmentation et du profit, créant ainsi des ersatz de rites coupés de tous les rythmes biologiques.

La capture des segments du vivant par des mixtes relève d'un fonctionnement naturel. La langue capture et utilise les humains pour être parlée. La technologie devenue partiellement autonome incorpore dans les segments de son autoproduction les « ressources humaines ». De même que l'urbanisme, qui est la combinatoire semi-autonome de l'autoconstruction des villes, capture les humains qu'il discipline. Mais dans tous ces mécanismes de capture du vivant par les mixtes, il persiste une régulation conflictuelle et sans harmonie finale qui correspond au frottement des mixtes avec le champ biologique. Les mixtes qui composent chaque culture (prise dans un sens anthropologique large : langue, économie, urbanisme, technique…) prennent ainsi part à la production et à la reproduction des rites qui la structurent. Ce fonctionnement s'opère en consonance transductive avec les rythmes du champ biologique.

La supposée rationalité économique et technologique, quant à elle, loin de fonctionner dans un au-delà des rites et des mythes, a réussi à produire un monde de croyances beaucoup plus puissant que ceux de n'importe quelle culture moderne ou non moderne. Les croyances et les rites, dans leur frottement inévitable avec le réel du champ biologique, trouvent toujours tôt ou tard une limite, une résistance à leur fonctionnement qui n'est jamais ainsi totalement autoréférentiel. Ainsi, par exemple, la croyance occidentale très récente du tout-linguistique, le « tournant » – ou tourment – linguistique, tout en affirmant que tout était récit sans métarécit, a bel et bien fini par trouver historiquement sa limite : le réel, n'en déplaise aux croyants du symbolique, n'était pas un simple trou dans le récit. Ils ont bien dû se rendre à l'évidence, et reconnaître, bon gré mal gré, le constat que fait Kant dans la *Critique de la raison pure* : « Ceci dit, c'est un fait d'observation qu'il existe dans la nature des êtres organisés. » À l'inverse, les pratiques postmodernes, structurées autour du prétendu monde de l'information, de l'algorithme et de la modélisation, ont produit des croyances saturées et autoréférentielles qui considèrent tout effet de frottement avec un réel quelconque comme du bruit à éliminer dans le système. C'est ainsi que les rites du monde digital, ceux de l'homme postmoderne, sont à proprement parler des constructions folles, c'est-à-dire dépourvues d'axe de réalité lié à une extériorité. Nous comprenons pourquoi Michel Foucault préférait parler d'hypermodernité plutôt que de postmodernité : sous des formes stupidement ludiques, l'homme hypermoderne a comme objectif d'adhérer à des rites qui nient expressément tout rapport ou toute dépendance avec des rythmes biologiques. « Le monde est mon terrain de jeu » : voilà le nouveau mot d'ordre de cet individu qui réussit sa vie. Tout est résumé dans cette formule. Il ne s'agit que de jeu. Toutes les règles, toutes les frontières, toutes les limites, tous les rites et les rythmes pourraient être changés. De notre point de vue, cette dérégulation prométhéenne tous azimuts se trouve sans doute à l'origine d'une grande part de la souffrance psychique et physique de nos contemporains, ainsi que de nouvelles formes de violence sans aucune régulation. Puisque nous serions tous libérés, ou en train de nous émanciper, des surdéterminations organiques, nous pourrions nous inventer et produire des rites et des croyances, à notre convenance. Dans le monde de la subjectivité dominante, la vie augmentée, la réalité augmentée, l'instantanéité du monde digital seraient les outils de cette production individuelle.

La dimension qu'on appelle « jeux vidéo », loin de représenter un nouveau loisir, inclut en son sein la colonisation de l'ensemble des activités humaines. On constate une étrange proximité entre les avatars qui s'amusent à décapiter des ennemis, à conquérir des empires et la très divertissante activité boursière, la guerre par drone, les objets connectés liés à la santé ou encore le monde augmenté de votre Smartphone. Ces activités ont toutes en commun la production de pseudo-rites optionnels et autoréférentiels.

Mythes et consonance : le phénomène humain

À l'instar des rites, les mythes seront ainsi plus ou moins « consonants », en fonction de leur capacité à rendre compte (de façon plus ou moins adaptée) des effets du frottement entre les dimensions des mixtes et celles du champ biologique, sans qu'il puisse exister de mythe ou de cosmogonie se réclamant d'une traduction du monde vivant. En considérant les étages de notre modèle, nous pouvons dire que l'espèce humaine en tant que telle se situe dans le champ biologique, tandis que l'Homme, en tant que concept appartenant à une culture, en tant que production théorique et culturelle, se situe dans la dimension des mixtes. Or, si comme l'écrit Nietzsche, l'Homme est une idole, il ne peut pas pour autant être remplacé en tant qu'organisation sociale et culturelle par n'importe quelle autre figure construite de toutes pièces. Toute « idole », tout mythe, doit correspondre, dans une certaine mesure, à ce rapport qui exprime et qui protège les rythmes biologiques et la vie même.

Dans le fonctionnement du Mamotreto, nous pouvons ainsi identifier les « processus de l'humain » comme la singularité propre à l'espèce humaine, aux humains. Cette singularité est composée d'une multiplicité de lignes (de liens) qui correspondent à des processus à la fois issus du champ biologique et de celui des mixtes. Ce qui existe comme le « propre de l'humain » est ainsi composé d'éléments multiples et variés qui ne déterminent pas une unité fermée et définitive. D'un point de vue anthropologique, nous savons que les différentes cultures désignent ce « contour de l'humain » sous des formes très variables. Autrement dit, ce qui est identifié comme étant l'humain renvoie en réalité à un découpage des processus « à géométrie variable ».

En tant qu'ensemble de processus, l'humain est donc un phénomène, et non une substance. Il est impossible de déterminer un contour concret aux processus qui interviennent dans ce que l'on va nommer « humain », puisque dans ces processus il n'existe pas de limite qui permette de déterminer une frontière étanche. Le champ propre aux processus de production de l'humain doit plutôt être recherché du côté du fonctionnement conflictuel entre les rites ou les mythes (mixtes) et le champ biologique et ses rythmes.

Pour les humains, ces processus de nature diverse et conflictuelle sont en permanente interaction. Depuis le champ biologique, les stimuli altèrent les rites, de même que l'évolution des rites altère et modifie les rythmes biologiques. Une fois encore, aucun des deux (rites et rythmes) n'est la traduction, l'épiphanie ou la représentation de l'autre. Cette consonance est selon nos termes « x-tolérante » : ce qui est possible pour l'une des dimensions n'est pas forcément compossible pour l'autre.

Nous avons déjà précisé que ce que l'on connaît comme l'Homme se rapporte à un ensemble de pratiques et de récits, mais aussi à des savoirs et à des structures de pouvoir qui existent dans le champ des mixtes. L'Homme est ainsi l'une des figures, l'une des structures de fonctionnement, que l'espèce humaine connaît dans son évolution. De la même façon, nous pouvons dire que la figure de l'individu correspond à un autre découpage, certes plus étroit, qui tente de définir l'individu comme le propre de l'humain, qu'il prétend de surcroît autonome, producteur de son sens, et réductible aux phénomènes de conscience.

L'ensemble des « processus de l'humain » se caractérise par la conflictualité très forte qui existe entre les lignes d'action qui conforment cette singularité. Nous pouvons ainsi, dans des situations concrètes, identifier l'émergence d'un ensemble structuré et organique de processus que l'on pourra désigner comme le « propre de l'humain ». Mais il n'y a jamais d'humain en dehors des processus à travers lesquels il émerge. Il n'y a pas d'humain « en soi ». Ni l'espèce, ni les produits de la culture, ni ses réalisations, pas plus que l'écosystème ou l'atmosphère, ne sont l'« humain ». Tout cela ne peut se manifester que dans une situation concrète, qui est le soubassement d'où émerge le « propre de l'humain ». Les différentes structures anthropologiques (au sein desquelles les humains ont existé et existent), et l'espèce, en tant que plis du champ biologique, ne forment jamais une unité équilibrée et fixe. Il n'y a pas un mode d'être un être humain qui soit « correct » et « définitif ».

C'est pourquoi aujourd'hui, en pleine époque de l'hybridation entre artefacts et êtres biologiques, ce dont il est question concerne bien l'hybridation de l'espèce, des espèces avec des artefacts. Pour ce qui regarde l'Homme en tant que concept situé, européocentriste, c'est-à-dire en tant qu'imaginaire non substantiel, son éventuelle « substitution » ne pourra pas être arbitraire ou trop séparée des rythmes propres à la vie. De ce point de vue, le dispositif moderne qui oppose l'humain à l'animal et à la nature constitue justement un des défis à relever, une des barrières à dépasser. Car si l'humain est le fruit d'un processus de coproduction, force est de constater que même ce que l'on connaît comme « les cultures » – qui pour nous appartiennent à la dimension des mixtes – n'est pas propre à l'espèce humaine. Au bout du compte, tout l'enjeu consiste à ne plus penser les stratégies humaines comme étant séparées du vivant et de l'écosystème. En renonçant à sa centralité (tout imaginaire), l'espèce humaine a tout à gagner en développant dans la vie des liens multidimensionnels. Plusieurs espèces animales produisent des effets culturels, c'est-à-dire des mixtes qui fonctionnent de façon semi-indépendante par rapport aux membres de l'espèce. La quasi-totalité des espèces animales produisent de véritables rites, des croyances, qui ne peuvent pas être réduits à un « ensemble d'instincts ». La classification de la protopensée animale en termes d'instincts fait partie du dispositif humaniste occidental qui reposait en partie sur cette différence.

La singularité de l'humain est aujourd'hui, comme souvent dans l'histoire, un champ de forts conflits. Face aux projets postorganiques actuels, qui cherchent à détacher l'humain de son animalité et de son corps, il est à notre sens urgent de constater l'unité animale à laquelle nous participons pour défendre la vie elle-même. L'intérêt croissant pour la souffrance animale, pour la dignité animale, témoigne justement de cette nécessité qu'il y a à repenser notre animalité parmi les animalités, dans des écosystèmes dont l'espèce humaine n'est pas séparée.

Comprendre l'animalité, l'existence de « cultures animales », est ainsi fondamental pour ne pas tomber dans le délire idéaliste de type transhumaniste qui, dans sa détestation et sa méconnaissance des corps, met en péril nos vies au sein de la vie. Entrer en amitié avec les autres espèces, loin de représenter un pas en arrière dans le développement technologique, permettrait aux humains d'orienter la technique en la domestiquant au service de la vie.

Participation et capture

Chaque niveau du Mamotreto capture des éléments issus des autres niveaux pour son propre fonctionnement. L'élément capturé participe ainsi au fonctionnement du niveau qui le capture. Prenons par exemple le concept d'« être humain » : celui-ci est produit par, et existe dans, le champ des mixtes, qui capture dans le champ biologique un ensemble plus ou moins disparate d'éléments qui dessineront les contours du concept et en donneront le contenu. L'espèce humaine est ainsi capturée pour faire partie de l'ensemble. En réalité, ce n'est jamais l'espèce dans son intégralité qui est capturée, mais toujours une partie, qui varie selon le moment historique et les connaissances scientifiques. L'ensemble « être humain » peut également inclure des éléments du paysage vivant et inerte selon une hiérarchie qui évolue en fonction des époques et des cosmogonies. Ainsi, par exemple, si la singularité de l'humain pour une cosmogonie concrète est donnée par l'âme, le concept « humain » ne comprendra pas les corps. Au contraire, ces derniers seront considérés comme ce qui empêche l'accomplissement de l'humain en tant que tel. On peut ainsi citer le concept produit par Fray Bartolomé de Las Casas lors de la fameuse controverse de Valladolid, où il définit les Indiens comme des « peuples originaires », c'est-à-dire comme des humains à l'humanité non accomplie. Rappelons, au passage, qu'à la même époque, « les femmes n'avaient pas d'âme » ! Les éléments qui constituent l'ensemble « capturé » participent à leur tour à l'ensemble des mixtes, en rendant compossibles certaines conceptualisations.

Deux autres exemples peuvent nous aider à comprendre le rapport capture/participation. Le plus évident est celui de la taxinomie. Toute forme de classification découpe, et donc capture, des éléments du champ biologique pour produire ses catégories. Dans le même temps, les éléments capturés participent de façon conflictuelle au champ des mixtes, en confirmant ou en remettant en question les taxinomies qu'il a produites. Un autre exemple nous est donné par les cultures totémistes, animistes ou analogiques. Dans ces cultures, ce qui dans le champ des mixtes est énoncé comme un sujet recouvre dans le champ biologique des ensembles très disparates et variés : plantes, fleuves, minéraux, animaux, ainsi que des parties de l'humain. De la même façon, les machines, et en particulier les machines digitales, faites d'agrégats existant dans le niveau physico-chimique, sont capturées par les combinatoires mixtes de production de la pensée logique. Et, à leur tour, ces machines participent et modifient, avec leurs limites et leurs possibles, le champ des mixtes. Dans le Mamotreto, il apparaît clairement que la pensée est un processus appartenant au champ des mixtes. C'est pourquoi, encore une fois, à la question de Turing : « Est-ce qu'une machine peut penser ? », nous ne pouvons que répondre par la négative. Car machine et cerveau ne sont que certains des éléments qui constituent le soubassement, l'ensemble capturé par la combinatoire de la pensée. Ni la machine ni le cerveau ne pensent de façon autonome.

Langue/champ biologique

Comme évoqué plus haut, l'un des exemples les plus clairs de ce mode d'interrelation participation/capture se situe entre la langue et le champ biologique. Au sein de la dimension biologique, les échanges entre les parties peuvent être pensés comme un système de communication ; en revanche, la langue, en tant que mixte, ne relève pas du domaine de la communication. La langue n'est pas un outil de communication au service des êtres qui la parlent, ni au service des êtres qu'elle capture pour être parlée. La langue, en tant que « mixte », possède sa stratégie propre, qui ne se résume en aucun cas à servir de communication aux humains. Une langue vivante parle pour et par des paysages complexes. Si les langues peuvent être apprises, exportées ou déportées, leurs racines puisent leur force non pas dans les individus qui les parlent – et encore moins dans les dictionnaires des académies –, mais dans les paysages qui leur ont donné vie. Pour s'en convaincre, il suffit de considérer l'échec de l'espéranto, cette langue construite non pas comme un mixte mais comme un agrégat communicationnel.

On pourrait en dire autant de la musique. Les peuples de montagne jouent de la flûte car celle-ci émerge des montagnes, des vents et de la végétation sèche. Les hommes donnent à cet instrument leur disposition pour que sa musique, qui appartient au paysage, puisse exister. Les villes produisent leur musique, de même que les peuples des fleuves jouent pour et par l'ensemble du paysage des instruments à cordes.

Ce double mouvement de participation/capture se joue dans une conflictualité permanente entre les dimensions des mixtes et le champ biologique. La langue se développe en suivant des possibles qui lui sont propres, mais la limite à laquelle elle ne peut pas échapper réside dans le fait que sa capacité à exprimer ou à faire émerger du sens dépend, paradoxalement, du champ biologique. La langue, comme l'ensemble des mixtes (théorie, technique, urbanisme...), possède des possibles qui ne sont pas « compossibles » pour le champ biologique et vice versa. La vie, dans sa profonde complexité, possède des possibles qui ne sont absolument pas compossibles pour et par les mixtes.

Dans la conflictualité langue/champ biologique, tout se passe comme si la représentation symbolique cherchait à tout prix à se débarrasser des contraintes propres à la vie et aux corps qui limitent et régulent ses possibles. Au sein de cette conflictualité permanente entre les mixtes et le champ biologique, les nouvelles techniques – toutes dépendantes des techniques digitales – ouvrent sans doute une nouvelle ère. Alors que le conflit entre les mixtes et la vie se régule en conservant les deux pôles du conflit, les nouvelles techniques modifient à tel point la matérialité même du monde qu'elles tendent à faire disparaître l'un des deux pôles. La langue (comme les théories ou les idéologies morales) reste « extérieure » au champ biologique ; elle tente de dominer la vie par discipline, par forçage. À l'inverse, les nouvelles techniques digitales tentent de dominer la vie depuis l'intérieur, en modelant et en remodelant sa structure même, lui niant ainsi toute particularité non « domesticable ». C'est pourquoi nous parlerons ici, plus que d'un conflit, d'un affrontement. Et c'est l'un des objectifs de ce travail que de montrer la nécessité de développer des lignes de conflictualité entre ces deux modes d'être.

Technique/champ biologique

Le propre du narcissisme humain est d'aimer se regarder dans un miroir magique qui nous renvoie l'image d'un sujet rationnel, libre de ses actes et absolument séparé du monde matériel et animal. Il arrive parfois que, dans certaines situations, y compris les plus triviales, cette vision aristocratique de notre dignité s'effondre le temps d'un éclair. Je me rappelle l'une de ces expériences, dans un TGV qui me conduisait de Paris à Reims. Avec cette attitude propre aux personnes un peu phobiques, j'étais posté devant les portes quelques minutes avant l'arrivée du train en gare. Debout, à côté de moi, une jeune femme transportait un chat dans une cage en plastique. La pauvre bête, visiblement paniquée, poussait des miaulements désespérés. Je fus d'abord pris de compassion pour l'animal, puis ma commisération fut interrompue par une pensée plus grave : celle qui envisageait avec horreur les quelque 500 autres animaux humains eux-mêmes enfermés dans cette boîte folle qui se déplaçait à plus de 200 km/h. À la différence du félin, ces derniers souffraient du handicap de posséder une imagination et une conscience qui les portaient à croire qu'ils étaient entrés dans la cage volontairement. Les hommes se sentent libres, dit Spinoza, pour la seule raison qu'ils ignorent leurs chaînes. Nous pouvons dès lors reconnaître que la sagesse humaine réside non pas dans la folie de croire que la vie se déroule dans un supermarché où nous choisissons librement nos contraintes, mais plutôt dans la tentative de connaître progressivement les chaînes, les tropismes, les liens, qui nous traversent et qui orientent nos actes. Si au commencement ne fut pas la parole mais le mouvement, il s'agit de comprendre que tout en n'occupant pas la même place que le chat, nous sommes embarqués dans le même TGV et dans le même faisceau de déterminations. La question ne peut pas être : « Qu'est-ce que je suis, moi, en train de faire là ? », et encore moins celle de savoir si cela me plaît ou non. Toute connaissance et toute possibilité d'agir sont clôturées si l'individu se considère comme une unité étanche et autonome. Il n'en reste pas moins que depuis la place particulière qu'occupe l'espèce humaine dans son interface conflictuelle avec la langue, il est donné à chacun de nous la possibilité de participer à la combinatoire de pensée capable de dire quelque chose sur le TGV, le chat et les humains.

À l'instar du TGV, l'ensemble de la technique n'est pas un environnement dans lequel les humains évoluent. La technique coévolutionne dans une cocréation permanente homme/environnement/technologie. Face à la technique (comme vis-à-vis de tout mixte), les humains n'ont ni à s'adapter, ni à l'utiliser, car ils ne sont pas dans un rapport d'extériorité avec elle.

De même que la langue capture des humains pour être parlée, la technique, en tant que mixte et combinatoire semi-autonome, capture des humains pour suivre sa stratégie sans stratège. Il ne faut voir ici ni métaphore, ni caricature. La langue, la technique, l'urbanisme ou encore la macroéconomie, en tant que mixtes, ne capturent évidemment pas des humains en tant qu'identités individuelles unifiées. Chaque mixte se saisit de segments d'humains disloqués. Un tel processus ne doit pas être vu comme un danger, ni comme une quelconque machination diabolique. C'est le propre de tout phénomène d'hybridation qui n'opère pas entre des unités étanches mais entre les courants et les flux qui traversent chaque entité. Si, comme le voulait le philosophe et biologiste allemand Jakob von Uexküll, chaque organisme n'a pas de liens mais est tissé par des liens, ce sont ces liens multiples (ou une partie de ces liens multiples) qui, dans chaque hybridation, en suivant le principe de l'agencement, de la composition, de la coconstruction, s'hybrident et composent avec les liens qui constituent d'autres organismes ou macroorganismes.

CHAPITRE IV

Les dynamiques du Mamotreto II Découpage et discrétisation

Je demanderai au lecteur, pour comprendre le pourquoi de certaines recherches actuelles, de faire l'effort de se situer dans la constellation intellectuelle de la fin des années 1970 et du début des années 1980. Disons simplement qu'à cette époque, on cherchait quelque chose qu'on avait perdu, un certain rapport avec un principe, ou une fonction, de vérité, un point de réel capable de partager les eaux en se libérant du subjectivisme relativiste qui dominait à cette période. Les tenants du tournant linguistique affirmaient alors que tout était récit sans métarécit. Leurs cousins germains de la dite « égale validité » tentaient, quant à eux, de nous démontrer qu'entre la magie, la science et la pratique du golf n'existaient ni hiérarchie, ni différence substantielle. Au total, l'ensemble prenait le goût d'une soupe plutôt indigeste dans laquelle on retrouvait des fragments frelatés de physique quantique, de psychanalyse et d'individualisme, pour expliquer que la fragile existence du monde dépendait de la subjectivité de chacun pour être. Des efforts certes laborieux mais pas très méritants cherchèrent à réancrer le monde en se servant d'une salade russe tout aussi peu digeste qui mélangeait Gödel, Lacan et un platonisme forcené pour déterminer que nous avions enfin rattrapé le réel, retrouvé l'être... : c'était l'ensemble vide[1] !

C'est dans ce contexte, il faut bien le reconnaître assez désespérant, que se manifestèrent les prémices d'un renouveau pour la pensée et la pratique. Sa source ne se situait ni dans la philosophie, ni dans les mathématiques, mais dans le rappel que le corps et les corps existent. Rappelons qu'à l'époque, lorsqu'une voix osait évoquer la biologie, elle était immédiatement interprétée comme émanant d'un manifeste fasciste. Après qu'on eut psalmodié que tout était signifiant et que le réel n'était pas autre chose qu'un trou dans le signifiant, la très mal vue science du vivant entrouvrait enfin une porte de sortie. L'humble et sympathique Francisco Varela, sans grande déclaration ni coup de clairon, montra que l'unité du monde, l'ordre de la réalité, dépendait d'une coproduction permanente organisme/environnement. Point de vue que, pour ma part, je tente de prolonger à travers mes travaux et l'hypothèse phénoménologique d'après laquelle l'existence dépend du champ organique.

Des mécanismes de coproduction du monde

Les organismes du champ biologique, comme nous l'avons déjà évoqué, existent dans une coproduction permanente de leur monde et de leur propre singularité. Comme l'écrit le psychologue américain James J. Gibson, il ne peut pas y avoir d'organisme sans environnement, mais surtout il ne peut pas non plus y avoir d'environnement sans organisme. Les organismes n'évoluent pas dans un décor, pas plus que les individus.

Le champ biologique est ainsi cette dimension complexe dans laquelle et par laquelle cette unité organisme/environnement se coproduit en permanence. C'est la raison pour laquelle le terme même d'« environnement », au-delà de sa charge positive, prête à confusion. Il laisse facilement penser que les organismes se meuvent dans un décor que l'on peut changer, augmenter ou diminuer, tout en restant les mêmes (que l'on pense, pour s'en convaincre, aux horreurs des élevages en batterie ou, plus proche de nous, à l'éducation de nos enfants...).
Dans cette coproduction, il n'est pas possible de penser l'environnement comme le décor fixe et indépendant dans lequel la vie se déploie. Ainsi, quand Mallarmé, dans son poème du *Coup de dés*, conclut que « Rien n'aura eu lieu que le lieu », nous ne pouvons pas le suivre... Car si le lieu a eu lieu, cela signifie qu'il y a bien eu des organismes, de la vie, de la joie aussi, sans lesquels aucun lieu ne peut exister.

Ni les environnements ni les organismes ne sont jamais achevés. C'est pourquoi la possibilité de penser en termes de « champ biologique » nous permet de comprendre que la coproduction organisme/monde ne relève pas simplement de la production d'images cérébrales (comme le disait Varela). Ce qui est produit, coproduit, c'est l'ensemble des paysages et des écosystèmes. Bref, le monde lui-même !

Les travaux de Varela nous ont appris que les corps organiques ne perçoivent pas leur environnement, mais qu'à partir des stimuli du contexte et en accord avec sa constitution et structure propre, chaque organisme produit des images, un monde. Ce mécanisme de production des images, Varela le nomma « énaction ». Or les organismes ne produisent pas par découpages successifs des mondes propres de façon isolée. Les rapports entre les organismes singuliers (découpés ou discrets) et leur environnement sont toujours de coproduction. Ainsi, le cerveau n'est pas le sujet et le monde son objet. Il existe des mécanismes dynamiques et complexes de coproduction permanente de ce que l'on doit nommer la « réalité », à laquelle participent l'ensemble des organismes et leurs écosystèmes.

Mixtes et champ de découpage

Contre la construction classique selon laquelle les êtres vivants perçoivent d'une façon passive le monde extérieur, deux autres grandes figures sont à évoquer : le psychologue américain James J. Gibson et le philosophe et biologiste allemand Jakob von Uexküll. Il est toujours difficile de résumer les approches de ces deux penseurs sans caricaturer leurs concepts. Nous pouvons néanmoins dire que pour Gibson, il existe une production subjective de la réalité : chaque organisme, chaque humain, donnera un sens aux objets du monde en correspondance avec sa propre structure subjective interne. Ainsi, le psychologue américain ne remet pas en question la réalité extérieure aux organismes. Son concept de l'*affordance* implique en effet une construction subjective à partir d'un élément, existant dans la réalité, et qui, pour des organismes différents, prendra une place et des significations différentes. De façon plus complexe et sophistiquée, la théorie de l'*Umvelt* développée par Uexküll explique que chaque organisme fabrique son monde, objectif et concret. Chaque organisme vivant dans un monde étanche, il ne s'agit donc pas d'adaptation mais bien de production d'un monde propre.

Quand Uexküll définit le monde de chaque espèce comme un monde fermé par et pour les autres espèces, nous ne pouvons être d'accord qu'en partie. Le biologiste et philosophe allemand s'appuie sur l'exemple désormais célèbre de la tique qui attend patiemment sur sa branche le passage d'un mammifère. L'animal ne sera jamais en rapport avec le mammifère mais avec la chaleur dégagée par le corps (et, croit-on également, son odeur). La tique découpe ainsi apparemment deux éléments qui constituent son monde : une température et une odeur. Sous l'effet de ces stimuli, celle-ci se laisse tomber sur son hôte à la recherche de son dernier repas. Uexküll décrit déjà ce que Varela définira plus tard comme l'ensemble des comportements propres de chaque espèce qui, à partir du découpage qui lui est propre, construit un monde, son monde.

Tous les animaux, y compris les humains, certes fonctionnent de cette façon, mais pas uniquement. Car les espèces dites supérieures (les vertébrés et en particulier les mammifères) articulent leurs fonctionnements propres avec les mixtes qu'ils produisent. La fonction principale des mixtes sera de produire un champ de découpage, et donc un champ de possibles plus larges que ceux que déploie l'espèce. La nouvelle éthologie, celle qui étudie les animaux dans leur milieu naturel, montre que cet ensemble de mixtes qui se structurent comme une culture ne peut pas être réduit aux comportements propres de chaque espèce. Autrement dit, les mixtes ne constituent pas un comportement propre parmi d'autres. Ainsi, on ne peut pas considérer la fourmilière comme un mixte par rapport au comportement de la fourmi, car il est effectivement impossible de séparer la fourmi de la fourmilière. En revanche, le champ des mixtes, celui qui constitue les cultures ou les protocultures animales, émerge et change en fonction de l'écosystème et de l'habitat. Aux comportements propres de l'espèce vient donc s'ajouter une série de comportements semi-autonomes, à l'instar de tous les mixtes, non réductibles aux comportements de l'espèce dans le champ biologique. En clair, il s'agit de comportements non explicables par la seule biologie.

L'incorporation de ces mixtes change essentiellement le monde découpé par chaque espèce. L'utilisation d'outils par différentes espèces animales est l'exemple le plus évident de l'existence d'un mixte. L'outil a comme fonction proto-technique chez les animaux de modifier le mode de découpage du monde et le champ qu'il recouvre. Évidemment, chez l'humain, depuis près de quarante mille ans – c'est-à-dire depuis ce que les anthropologues ont appelé l'« explosion symbolique » (production de bijoux, de statuettes, de peintures rupestres…) –, les mixtes déploient une autonomie et une puissance qualitativement et quantitativement supérieures à celles des mixtes des espèces animales non humaines. On comprend ainsi aisément que le microscope a élargi de façon évidente les possibilités de découpage et de production du monde pour les humains. De même, la langue, dans sa capacité de production conceptuelle, développe une infinité de découpages possibles, qui excède, bien entendu, de façon autonome, les capacités de découpage de l'espèce humaine. Or les mixtes, tout en élargissant les possibilités de nouveaux découpages, éclipsent, surtout chez les humains, les possibilités de découpages liés aux comportements propres de l'espèce. En clair, ils déterritorialisent la production de connaissance.

Paradoxalement, si la possibilité de produire des mixtes augmente la puissance des espèces, dans le cas des humains, la puissance des mixtes – en particulier la révolution digitale – menace l'espèce humaine, dont pourtant ils dépendent. En reprenant une fois encore la dialectique leibnizienne possible/compossible, nous pouvons identifier l'existence de mixtes dès lors qu'apparaissent de nouveaux possibles qui ne sont pas *en soi* compossibles avec l'espèce biologique. Si, jusqu'à présent, cette conflictualité s'est toujours vérifiée et maintenue dans le cas des humains, force est de constater qu'à l'époque digitale, elle semble tourner, véritablement, à l'affrontement : c'est le rêve, ou plutôt le cauchemar, d'une technologie capable de produire un monde postorganique.

Coproduction de la connaissance et du connaissable

Cette dynamique de découpage et de cocréation nous permet également de dépasser la problématique posée par les différentes interprétations des processus de connaissance. Ce vieux débat qui traverse l'ensemble de la philosophie et l'épistémologie est généralement illustré par l'opposition entre les théories kantienne et leibnizienne. Si, pour le premier, l'émergence d'une connaissance nécessite la réunion (synthèse) de deux éléments différents, pour Leibniz, en revanche, elle est le produit du déploiement analytique d'une unité, le prédicat étant inclus dans le sujet. Le modèle organique nous permet, depuis une position phénoménologique, de dépasser cette controverse. De fait, dans ce modèle, il n'existe pas de connaissance détachée de l'agir – conformément à une position que nous avons développée par ailleurs[2].

La connaissance, en tant qu'action intellectuelle ou physique, est toujours contextualisée et contextualisante, dans un travail où la connaissance n'accède pas à un noyau du connu, mais s'unit au connaissable du connu. La connaissance désire le connu qui ne se donne que dans les phénomènes de coproduction de la connaissance et du connaissable. « Connaître est agir » signifie qu'il n'existe pas dans le réel du monde – ou, pour nous, dans le champ biologique – des unités à découvrir par séparation analytique ou par unité synthétique : c'est l'action du découpage qui coconstruit les organismes vivants et leur environnement. Tout être, dans cet « effort pour » (le *conatus* de Spinoza) qui caractérise le vivant, essaye de construire de l'homogène (c'est-à-dire du sens) à partir de l'hétérogène donné. Et c'est justement parce que cet être est découpé et fini qu'il peut ainsi découper son environnement. Nous ne pouvons pas concevoir des organismes sans milieu, ni, à l'inverse, un environnement sans organisme, précisément parce que c'est cette coproduction permanente qui permet, dans la diachronie de l'évolution, l'émergence des milieux et des organismes vivants. Des organismes qui, de façon synchronique, réexpérimentent dans leur agir le devenir de cette coproduction. Dans le cas de la pensée symbolique, d'une façon qualitativement différente, le mécanisme de coproduction reste identique : les possibles symboliques, étant en conflit avec les possibles biologiques, produisent en permanence de nouveaux compossibles dans les deux dimensions.

Le champ biologique est donc cet ensemble dynamique de production permanente de réalité. C'est pourquoi, loin de tout solipsisme stérile comme de tout réalisme naïf, la compréhension du fonctionnement du champ biologique nous permet d'envisager comment des organismes singuliers vivent et évoluent dans des contextes différents, au sein d'une réalité partagée et en permanente production et reproduction.

La permanence des objets dans le champ biologique ne dépend d'aucune activité individuelle d'un organisme. Et encore moins d'une conscience ou d'une nomination symbolique. Le champ biologique est l'ensemble des processus dans lequel et par lequel la vie se déploie comme une coproduction permanente. Les instances conscientes ou symboliques ne sont pas autre chose que des dimensions existantes, et en aucun cas les phénomènes à l'origine de l'existence.

Par ailleurs, le penchant du réalisme naïf qui nécessite des objets stables, indépendamment de toute interaction avec le vivant, reste un « effet de perspective », dans la mesure où les objets ne sont pas en attente d'une conscience pour exister (ils ne sont même pas perçus, mais « enactés », comme disait Varela). Si le cerveau n'est pas un sujet, ni le monde un objet, c'est parce que la réalité est une coconstruction d'où éventuellement peut émerger une fonction « sujet ».

Le cerveau n'est même pas – surtout pas – l'organe qui pense ; il participe, de manière fondamentale certes, à la production de pensée. De la même façon que les corps et le champ biologique dans son ensemble participent à une coproduction permanente de la réalité.

Ainsi, par exemple, nous pouvons bien entendu dater une pierre de plusieurs millions d'années avant l'émergence de la vie sur terre. Il reste néanmoins que cette pierre n'existe en tant que pierre, avec une durée et une dureté, que pour et par des êtres vivants. Elle ne peut être « cette pierre-là particulière » que parce qu'un organisme singulier, dans un champ biologique, l'y aura découpée. Ce qui signifie que ce mode d'existence (celui dans lequel la vie évolue) est une condition pour que cette pierre existe sous cette forme-là.

De ce « x » stimulus, qui pour certains vivants existe comme pierre, nous ne pouvons rien dire « avant la vie ». De la même façon que, pour d'autres êtres vivants, cette densité de matière ne se produit pas comme une pierre. Toute évocation du « prébiologique » implique un tout autre mode d'existence qui, pour nous, demeure inaccessible, et même plutôt métaphysique.

Il ne s'agit pas, bien entendu, de nier en quoi que ce soit l'autonomie et l'indépendance du « x » par rapport aux êtres biologiques qui le perçoivent. Pas plus qu'il ne s'agit d'insinuer que les vivants « donnent l'être au monde ». Loin de tout subjectivisme ou psychologisme à la Berkeley, pour qui l'existence dépend de la perception, il est évident que si les êtres vivants – nous devrions préciser : des êtres vivants participant au champ biologique – peuvent « énacter », c'est parce qu'un stimulus « x » se manifeste. Reste que ce « x »-là est seulement possible pour et par des êtres biologiques dans un champ biologique. Des êtres qui peuvent produire cette perception par le frottement entre des stimuli x et des corps capables d'être affectés.

C'est ce que Giuseppe Longo veut dire quand il affirme que l'objet de connaissance se construit dans la friction. Cette friction est celle qui, en opérant entre le champ biologique et « x », peut coproduire des « mondes ». C'est une des raisons principales pour lesquelles les annonces répétées sur la « production de la vie » pèchent par un gros défaut. La vie étant elle-même (en tant qu'ensemble de processus) la condition de toute chose produite, nous ne pouvons, au mieux, que produire des artefacts qui, en s'hybridant avec la vie, peuvent s'intégrer organiquement à elle.

Tout objet, dans la dimension des agrégats, est le produit du frottement des êtres biologiques avec leur milieu. Pour des mammifères, une étoile brille ; pour les hommes de science (hybridés avec des artefacts, qui utilisent des artefacts pour augmenter et modifier leur capacité d'échange), elle est composée de telle ou telle matière. Sa brillance et sa composition physique sont par et pour les êtres biologiques et leurs artefacts. Ce qui veut dire que c'est toujours la capacité d'être affectés, seuls ou bien avec des outils, qui, dans ce frottement, produit de la brillance ou nous permet de connaître une composition chimique.

Ce ne sont pas des capteurs qui informent les organismes sur les qualités d'une étoile, c'est la structure physico-chimique des organismes qui, en interrelation avec les stimuli du milieu, découpent à partir d'un stimulus « x » une étoile ou une pierre, en pleine continuité infinitésimale.

Ainsi, ni la qualité « brillance », ni les composants chimiques, n'existent dans un monde en soi, indépendamment du frottement qui les fait exister sous ce mode-là. Ce n'est ni plus ni moins que ce que le grand Molière évoque de façon ironique et critique dans *Le Médecin malgré lui* quand celui-ci, questionné sur les effets d'endormissement de la morphine, répond que la morphine possède une qualité dormitive. À l'instar de la morphine qui n'est dormitive que par la composition des humains qui réagissent ainsi au stimulus « x » de la morphine, la brillance n'est pas une qualité de l'étoile, pas plus que ses composants chimiques. Le frottement est ainsi condition d'existence.

Le physicien et philosophe Ernst Mach, dans *La Connaissance et l'Erreur*, explique :

> Les sensations sont donc les données ultimes sur lesquelles reposent toute notre connaissance. Il n'y a pas d'objet derrière les sensations. Substance, chose en soi, causalité sont des concepts métaphysiques anthropomorphiques, formés par abstraction en isolant certains aspects d'expériences répétées et en projetant derrière les phénomènes des entités fictives. [...] Les corps ne produisent pas des sensations, ce sont des complexes d'éléments (complexes de sensations) qui forment des corps.

Il poursuit :

> Un corps n'est qu'un ensemble relativement constant de sensations tactiles et visuelles, liées aux mêmes sensations de l'espace et du temps.

Cette longue citation, je crois, éclaire notre travail : dans les « processus de l'humain », ces sensations sont articulées d'emblée avec les stimuli provenant du champ des mixtes qui conceptualise et interprète ce devenir permanent de sensations.

Un certain réalisme du Mamotreto

La physique quantique a mis en avant, avec une force toute nouvelle, la question de l'empirisme de Berkeley sur la condition d'existence de la réalité et de la nature. Le philosophe anglais du XVIIIe siècle fait dépendre l'existence de la présence d'un observateur : « Être, c'est être perçu. » Cette affirmation, la nécessité d'introduire un « observateur », pose problème :

existe-t-il une nature « inobservable », différenciée de la nature « observée » ?

Avec le Mamotreto, nous postulons une non-indépendance possible entre les différents éléments du champ biologique. Ce qui est en jeu dans ce modèle n'est plus la question d'un « observateur », et encore moins celle d'une conscience dont dépendrait l'existence du monde, ou du moins celle d'une nature observée qui existe au-delà de l'observable. Notre modèle organique part du principe d'une coproduction permanente de la réalité, qui dépend de l'activité des organismes entre eux et du champ biologique dans son ensemble. Encore une fois, comme le précisent Gibson et Uexküll, on ne peut pas penser d'organismes sans contextes, de même que nous ne pouvons pas davantage penser des contextes sans organismes.

En abandonnant la séparation « sujet-objet », notre dispositif vise plutôt à étudier un ensemble dynamique codépendant. Ainsi, par exemple, nous devons concevoir ce que nous appelons, en physique quantique, la « mesure », comme une interaction concrète entre des corps, sans tomber dans les exégèses idéalistes qui font dépendre la « réduction du paquet d'onde » d'un observateur.

Les techniques et les appareils grâce auxquels nous interagissons avec de nouvelles dimensions de la matière ne mettent pas en lumière, contrairement à ce que postule un réalisme naïf, ce qui existe malgré nous ou ce qui existerait sous condition de notre connaissance ou de notre conscience. Ces techniques et ces appareils participent à la coproduction de ces nouvelles dimensions ; elles développent le champ objectif des possibles au sein duquel la conscience ou la connaissance ne sont qu'une possibilité de plus qui n'est jamais centrale, et encore moins créatrice.

Ce que l'on appelle « mesure » est donc à comprendre comme une opération d'interaction des corps qui ouvrent des nouvelles possibilités d'action, à partir d'une situation concrète dont font partie, entre autres, les appareils, les éléments matériels de la situation et le chercheur.

Contrairement à ce qu'avancent les théories un peu naïves qui conçoivent le monde comme un jeu de Lego agrégatif (structuré selon une logique *bottom-up*), ce ne sont pas les particules qui, en s'associant peu à peu, produisent des organismes, en allant du plus simple au plus complexe. En réalité, ce sont les organismes qui, de par leur activité, sont capables de produire des particules ou des artefacts en les articulant dans des fonctionnements concrets. Les organismes ne sont pas « construits » à partir de parties élémentaires simples. Nous pouvons dire, comme l'expliquent Longo et Bailly, qu'au contraire, les particules élémentaires qui participent aux organismes sont toujours déjà complexes, dans la mesure où elles sont produites par les organismes eux-mêmes – nous revenons sur ce point crucial dans notre dernier chapitre sur la « double contrainte ».

Le monde des objets inertes, qui va des particules élémentaires jusqu'aux objets de l'astrophysique, existe ainsi comme produit de l'activité du vivant en friction avec des stimuli « x ». Ainsi ce monde peut se développer au fur et à mesure que des artefacts nous permettent d'interagir sur un mode différent avec « x ». Une position réaliste naïve prétend par exemple que le Soleil ou les bosons sont, pour ainsi dire, « déjà là », attendant qu'on puisse les découvrir. En réalité, et au-delà de la taille de l'objet, c'est toujours l'interaction du vivant, ou du vivant avec ses appareils, qui, dans cette activité de « frottement » avec « x », énacte un soleil (sans besoin d'appareils), ou un boson (avec des appareils très sophistiqués).

La théorie et la technique développent des modèles sur le niveau physico-chimique. En développant ces modèles, elles produisent des interrelations dans lesquelles, sous certaines conditions, les éléments de la dimension physico-chimique se comportent comme dans les modèles. Dans son mode d'existence, le niveau physico-chimique, comme la matière inerte, ne précède donc pas le champ biologique. Ce sont le champ biologique et les mixtes qui, par leur action, produisent des interrelations par lesquelles ils obtiennent des particules.

Pourquoi les artefacts ne peuvent pas être affectés

La différence que nous avons déjà évoquée plus haut entre organismes et artefacts repose fondamentalement sur cette différence entre l'activité de découpage propre aux êtres vivants finis, limités, et le fonctionnement des artefacts qui discrétisent leur milieu. Pourquoi un artefact n'est-il pas affecté ? Pourquoi une machine agrégative et modulaire ne possède-t-elle pas la capacité d'être affectée et de donner ainsi du sens au monde, de construire un monde ?

La réponse est structurelle. Les organismes, contrairement aux artefacts, existent dans un continu physico-chimique avec, et dans, leur environnement. Nous connaissons sous une forme simplifiée les trois niveaux de cette affectation organique : perception, aperception, conscience. Le premier est celui de la perception : il existe un échange permanent de matière et d'énergie entre les organismes et l'environnement. Leibniz donne, pour illustrer ce niveau, l'exemple des millions de gouttelettes d'eau qui affectent le nerf auditif (perception) sans que l'organisme puisse pourtant apercevoir le bruit émis par chacune de ces microgouttes et donc en produire une image sonore. Le deuxième niveau est celui de l'aperception, où un soi et un non-soi émergent.

Les limites de ce « soi », ne sont pas à confondre naïvement avec la peau, l'exosquelette ou la membrane cellulaire. Nous savons bien que les limites fonctionnelles, physiologiques, du vivant ne s'identifient pas à ces barrières anatomiques. C'est pourquoi le concept de « clôture opérationnelle » proposé par Varela nous semble plus approprié.

Le troisième niveau, du moins lorsque l'organisme le possède, est celui de la conscience, qui n'est pas forcément symbolique, nous l'avons vu, où l'organisme peut produire une image cérébrale de l'objet. Tout cela se passe dans une infinitésimalité permanente. Comme dirait Leibniz : « On ne traverse jamais le Rubicon. » César avance pas à pas, et c'est seulement après coup que cette infinité de pas prend le sens d'avoir traversé le Rubicon. L'aperception, la conscience, ou encore la conscience symbolique réflexive sont des paliers fondamentaux, à la fois irréversibles et transductifs, qui existent aussi et surtout dans une continuité infinie avec l'environnement. L'aperception, ce moment où émerge un fonctionnement du type « soi/non-soi » implique un seuil de fonctionnement et non une discontinuité matérielle.

En revanche, un appareil qui discrétise son milieu procède à un découpage quantitatif ou qualitatif, en sachant que tout découpage quantitatif implique un découpage qualitatif de « pour soi ». Et, dans cette discrétisation, il existe toujours et structurellement une rupture avec le continu infini. De là ce qui peut, de prime abord, apparaître comme contradictoire avec ce que nous avons dit précédemment, à savoir que c'est l'organisme qui, parce que (discret) découpé, peut découper. Mais il faut souligner que ce découpage fonctionnel ne le coupe pas de l'infinitésimal du milieu, contrairement à la discrétisation. Le découpage organique par lequel les organismes « coproduisent leur monde » implique des processus physicochimiques en permanente interaction ; en revanche, un artefact digital transforme les processus matériels en unités d'information immatérielles.

C'est là selon nous un point essentiel, qui explique pourquoi il n'y a pas de sens possible comme construction *a posteriori*.

Le sens émerge sous condition du découpé, qui découpe dans cette double réalité du continu de substance et du séparé de fonctionnement. En revanche, l'appareil est un continu de fonctionnement dans un discontinu matériel.

De la même manière, on peut résumer ainsi la différence radicale entre un procédé analogique et un processus digital : dans les processus analogiques, il existe une continuité avec le milieu qui, par une série d'échanges, peut produire une image, optique ou sonore, sans discrétisation du champ. Autrement dit, dans les processus analogiques, le résultat produit porte la trace physico-chimique du découpage opéré. C'est là, sans doute, l'une des principales différences entre un ordinateur et un organe comme le cerveau.

Pour tout procédé organique de découpage, la capacité de l'organe à s'associer avec son milieu, ou avec le segment découpé, est limitée, sur un mode physico-chimique, par ses propres limites. Le cerveau, comme tout organisme, est en permanence modifié par les échanges impliqués dans les processus de découpage. En revanche, les artefacts analogiques restent égaux à eux-mêmes, au-delà des informations qu'ils incorporent – d'autant que ces informations n'ont par ailleurs aucun sens pour un appareil hors sens…

C'est ce qu'explique Gilbert Simondon :

> Ce caractère de discontinuité, cette existence de seuil ne se manifeste pas dans l'automate, parce que l'automate ne change pas de structure, il n'incorpore pas à sa structure l'information qu'il acquiert. […] Il n'y a jamais incompatibilité entre la structure qu'il possède et l'information qu'il acquiert, parce que sa structure détermine d'avance quel type d'information il peut acquérir ; il n'y a pas pour l'automate de véritable problème d'intégration. Cette capacité d'être soi-même […] n'existe pas pour la machine[3].

CHAPITRE V

La double contrainte, un principe d'organicité

Dans ce chapitre, j'essaierai de proposer une lecture particulière d'un problème dont on trouve la trace au moins depuis les présocratiques. Il peut s'énoncer ainsi : quelle est la brique de base, le plancher, à partir de laquelle nous pouvons caractériser le vivant ? Dans les dernières décennies, les réponses ont tour à tour identifié cette brique à la molécule, à l'atome ou à la cellule. Pour ma part, je soutiens l'hypothèse qu'il n'existe pas de « brique élémentaire », mais un fonctionnement propre au vivant (intensif), qui capture des « briques », des éléments dits « extensifs » pour persévérer dans son être. Selon cette hypothèse, le plancher du vivant relève d'une dynamique, où chaque élément capturé par un organisme participe à son fonctionnement dans un régime, au moins, de « double contrainte » (précisons d'emblée que nous utiliserons cette expression pour désigner un contenu différent de celui que lui donnent d'autres domaines théoriques comme l'école de Palo Alto). Ce mécanisme constitue, selon nous, avec le caractère historique des organismes, l'un des invariants des fonctionnements organiques. La double contrainte représente ainsi à la fois le propre et la condition d'existence de tout être vivant, mais également de tout être qui fonctionne de façon organique, à l'instar des mixtes.

Là où se trouve la partie existe le tout

Chaque partie, chaque élément d'un organisme, fonctionne à la fois d'après une série de contraintes qui lui sont propres, et d'après l'ensemble des contraintes de l'organisme (corps, espèces, ensembles dynamiques…) qui le capture et auquel il appartient. Autrement dit, là où se trouve la partie existe le tout. Ce tout-là enveloppé est infini, comme l'écrivait Damasius, le philosophe néoplatonicien : « Ainsi, enveloppante, la totalité est limitée, enveloppée, elle est infinie, et ce qu'il y a en elle d'infini, c'est le toujours. »

Robinson Crusoé, ce roman qui a fait couler tant d'encre au XIXe siècle, rend ainsi compte de l'impossibilité de penser un individu « isolé sur son île », qui soit vraiment isolé. Bien au contraire, ce roman, qui a inspiré de nombreuses réflexions, montre clairement que là où il y a un individu, donc un être avec une certaine autonomie et une singularité (première contrainte ou capture), se trouve forcément la société, l'histoire et sa culture (deuxième contrainte). Face aux délires postorganiques qui prétendent qu'il est possible de lire la pensée d'un cerveau, nous ne pouvons que pointer le ridicule d'un tel souhait ; aucun cerveau ne « pense seul ». La pensée relève forcément d'un mécanisme de double contrainte : chaque cerveau fonctionne dans sa singularité neurophysiologique tout en étant lié aux combinatoires du champ des mixtes qui, par transduction, produisent de la pensée. Ainsi, imaginons que, face à une scène en mouvement qui se produit sous mes yeux, j'isole, en zoomant, un homme adulte dont le short laisse apparaître des jambes à forte pilosité, elles-mêmes reliées à des pieds munis de chaussures à crampons. À première vue, la perception de sa trajectoire agitée pourrait m'évoquer celle d'un mouvement brownien. Mais, en procédant à un simple élargissement du champ, j'apercevrais 21 autres adultes organisés autour d'un ballon. Je pourrais alors conclure: « Mais bien sûr ! Ils jouent au football ! »

D'un point de vue biologique, les choses sont moins évidentes. Dire que la double contrainte (ou double capture) de chaque partie, de chaque molécule qui compose un organisme constitue le plancher du vivant ne va pas de soi. Car cette position s'oppose à celle de la biologie moléculaire pour laquelle ce plancher n'existe pas en soi. Pour elle, il n'y aurait ainsi que des parties physico-chimiques qui, en s'agençant par un saut dans la complexité, se comporteraient « comme le vivant », sans que celui-ci possède une « dignité » ou une « singularité » propre. En réponse à cette position, une hypothèse plus complexe identifie ce plancher du vivant au niveau de la cellule. Pour ma part, avec cette hypothèse de la double contrainte, j'affirme que ce plancher ne se situe ni ne se manifeste par une forme ou par un niveau d'organisation privilégié, mais par une dynamique. Dans leur article « Incomplétude et incertitude en mathématiques et en physique », Francis Bailly et Giuseppe Longo écrivent: « La contraposition de l'artificiel au naturel [...], en référence à l'élémentaire *et* simple des artefacts par rapport à l'élémentaire *et* complexe des phénomènes naturels, est au cœur de nos analyses », tout en affirmant par la suite que cette « complexité de l'élémentaire est aussi le propre de la langue, de la cellule[1] [...] ».

Le propre de l'organisme est de ne pas exister d'après un fonctionnement *bottom-up* qui irait de l'élémentaire simple au complexe. Au contraire, comme nous l'avons vu, dans l'organisme, les parties et les éléments sont toujours déjà capturés;

ils existent donc toujours selon un mode complexe. Cette affirmation est fondamentale pour pouvoir soutenir la différence radicale entre organismes et artefacts : il n'existe pas de parties élémentaires simples qui, en s'agrégeant progressivement, feraient « émerger » des niveaux de complexité capables de produire la vie.

Comment comprendre, dès lors, ce caractère de « complexe élémentaire » des parties organiques ? Prenons, par exemple, parmi les molécules qui composent l'organisme vivant et participent à ses « voies métaboliques », le très connu cycle de Krebs. Celui-ci est constitué d'une série complexe de réactions biochimiques qui produisent, entre autres, de l'adénosine triphosphate (ATP), un composé riche en énergie. La plus grande partie de l'énergie produite par la respiration cellulaire est issue du cycle de Krebs, d'où son importance.

On peut alors se poser cette question : qu'est-ce qui différencie cette molécule d'ATP, produite par ledit cycle au sein d'un organisme, d'une autre qui aurait la même composition atomique mais qui n'aurait pas été « intégrée » par la voie métabolique ? Autrement dit, qu'est-ce qui nous permet d'affirmer que cette molécule n'est pas un élément simple qui s'incorpore progressivement au fonctionnement de l'organisme ?

Pour comprendre en quoi cette molécule est de l'« élémentaire complexe », nous ferons appel au principe d'individuation tel que Simondon le développe. Le philosophe écrit :

> L'erreur majeure en matière de compréhension de l'être humain a été jusque-là de vouloir penser son devenir (individuation) à partir de l'être humain déjà individué, alors que c'est depuis le processus d'individuation qu'il est possible de connaître les « individués » que sont les êtres humains[2].

En d'autres termes, ce n'est qu'à partir de l'ensemble déjà là, complexe, que nous pouvons identifier (isoler) ce qu'on appellera des parties élémentaires. Il n'y a pas dans l'organisme de voie ou de dimension privilégiée – ni *bottom-up*, ni *top-down*, ni voie médiane – qui puisse être considérée comme simple et initiale. Ce n'est qu'en différenciant des parties de l'organisme complexe que l'on peut, par un réductionnisme faible, identifier des parties « isolées ». Comme l'écrit Paul Valéry, « l'œuvre ne peut avoir pour auteur une personne qui lui serait antérieure ».

Comparons donc maintenant la composition d'une molécule d'ATP issue du cycle de Krebs avec une molécule similaire qui existe en dehors de tout organisme, de toute voie métabolique, une molécule produite, par exemple, par synthèse. Tandis que la molécule « indépendante » se comporte d'après les contraintes que lui dictent sa seule composition chimique, la molécule « intégrée » par les voies métaboliques, elle, se comportera comme la première *et* d'une autre façon, en suivant les contraintes que le système dans lequel elle est prise lui impose. Autrement dit, les molécules qui composent un organisme sont soumises à une double contrainte qui correspond au fonctionnement propre de l'organisme, en étant à la fois le propre de l'ensemble qui compose le vivant. La différence entre ces deux molécules de composition identique réside encore dans le fait que la composition n'est pas, tant s'en faut, le tout de la molécule « capturée ». Les molécules intégrées à un organisme n'ont pas une composition atomique différente de celles d'un système inerte. Les atomes qui entrent dans leur constitution sont les mêmes, tout comme la quantité d'énergie. Mais les molécules n'existent presque jamais de façon immobile. Elles se différencient par leur dynamique, leur torsion et leur géométrie, qui déterminent des conformations moléculaires spécifiques. Les molécules capturées par la double contrainte d'un état critique ou d'un état critique étendu (organisme) se distinguent ainsi des molécules appartenant à des systèmes inertes par leur conformation moléculaire propre. Cette conformation moléculaire participe aux processus d'émergence d'ordre à partir du désordre (néguentropie).

« Fonction égale fiction »

Voilà pourquoi nous avons identifié le principe de la « double contrainte » comme le fonctionnement propre du champ biologique. Celui-ci est ordonné par une « partie intensive », par laquelle nous nommons ce qui concerne le fonctionnement interne des organismes issus de la très longue durée et de la coévolution, par opposition aux « parties extensives », que l'on peut nommer, cartographier, construire, et dont nous pouvons recueillir l'information à des fins de modélisation.

Les organismes capturent des parties extensives de leur milieu (ils mangent, ils respirent...), et les transforment en produisant les parties élémentaires complexes (protéines) qui leur sont nécessaires pour vivre. Un organisme agit donc d'après la contrainte intensive (la partie intensive) ; il n'« utilise » jamais, à la différence des artefacts, des parties extensives sans les modifier par leur capture et leur métabolisation. C'est d'ailleurs la raison pour laquelle, contrairement à une image répandue, « nous ne sommes pas ce que nous mangeons »... À l'inverse, si de nouveaux modules (de nouvelles parties) sont agencés avec des artefacts, ils participeront bien de l'ensemble, mais selon un fonctionnement défini lors de leurs conception et fabrication.

Toutes les parties des organismes, des microcomposants cellulaires aux organes, fonctionnent selon le principe de la double contrainte. C'est pourquoi l'implantation d'organes, ou de parties d'organes, pour remplir des fonctions très précises, rencontre toujours des limites non pas techniques mais structurelles. Un cœur artificiel, ou un tissu de synthèse, peut remplir, au sein d'un organisme, une fonction concrète, mais les parties qui le composent ne se comporteront pas comme les protéines produites par cet organisme, qui fonctionne selon un principe organique d'incorporation, de transformation, d'élaboration puis d'élimination. Un cœur artificiel ne fonctionne pas comme un état critique étendu.

Cela délimite, pour la recherche médicale, les contours d'une véritable problématique. Ce n'est de fait pas la même chose de chercher, dans un but de réparation, à élaborer les appareils artificiels les plus tolérants et efficaces, et de remplacer, dans un but d'augmentation et d'amélioration, les parties du corps par des technologies de type cyborg. Tous les organismes n'ont sans doute pas la même capacité à incorporer des artefacts fonctionnels dans un but de réparation. Et il est évident que toute vision agrégative, augmentative, qui ignore le principe de la double contrainte est vouée à l'échec. En rappelant ce que le médecin et philosophe Henri Atlan a écrit à plusieurs reprises, « fonction égale fiction », nous ne pouvons que constater qu'un corps est un ensemble qui n'est pas réductible à une série de fonctions et d'organes. Un organisme défini comme ce qui fonctionne selon un état critique étendu évoque au contraire le concept d'Antonin Artaud repris par Gilles Deleuze du « corps sans organes » : au-dessous et au-delà de toutes fonctions et de tous organes, chaque corps existe comme une unité reliée à son milieu et non pas seulement comme un agrégat de parties.

Les organismes n'obéissent jamais à un programme

Dans la discrétisation digitale, les artefacts modélisent et incorporent, au contraire, des parties discrètes, finies et dénombrables. Longo aura montré que les appareils digitaux discrétisent leur « monde », en modélisant comme « point » ce qui dans la réalité existe comme « intervalle ». Alors que, dans l'incorporation, qui fonctionne par transformation, élaboration puis élimination, les organismes agissent d'un infini complexe à l'autre, les artefacts, eux, sont constitués et s'agencent depuis un monde du discret fini, simple, jusqu'au discret agencé.

Si les parties élémentaires complexes sont autoproduites par les organismes en suivant leur propre mode d'agir (selon un principe d'homéostasie), les parties élémentaires simples articulées aux artefacts suivent un programme qui leur est extérieur. Les premières agissent en suivant ainsi le mode d'être, le comportement propre de l'organisme qui les compose ; les secondes fonctionnent d'après des programmes produits de l'extérieur.

Autrement dit, si les parties élémentaires complexes participent à l'organisation et au mode d'agir propre de l'organisme vivant, dans la mesure où celui-ci est toujours son « propre objectif » (il ne sert pas une fin extérieure), les parties qui composent les artefacts, elles, fonctionnent sur un mode transitif, c'est-à-dire qu'elles ne sont pas leur propre finalité.

Le programme qui caractérise l'artefact est en effet extérieur aux parties extensives : il les ordonne comme facteur exogène. Les artefacts en général, et en particulier les artefacts digitaux, fonctionnent donc selon un principe agrégatif : des parties élémentaires simples sont agencées de façon modulaire. La partie intensive de l'organisme, qui est intérieure, reste, au contraire, inséparable des parties extensives capturées selon le fonctionnement de la double contrainte. La partie dite « intensive » des organismes n'est donc pas assimilable à un « programme ». Elle exprime la composition même de l'organisme, sans que l'on puisse séparer le programme de la machine. Chaque partie exprime la protention et la rétention propres à la temporalité complexe de l'organisme. En reprenant la définition de Kant du mode d'existence d'un organisme, nous pouvons dire que les parties d'un organisme (capturées par la double contrainte) entretiennent entre elles un rapport tel que chacune est « pour et par l'autre ».

Les organismes se caractérisent donc par le fait qu'ils sont des êtres finis, « discrets », par rapport au continu du milieu, mais aussi par rapport aux possibles de leur développement, qui ne peuvent pas être donnés, commandés depuis leur extérieur, mais toujours depuis un développement interne. Et, répétons-le : c'est parce que les organismes sont toujours finis qu'ils peuvent découper leur milieu et lui donner sens. Dans le découpage organique (soi/non-soi), celui du « limité qui limite », qui peut découper son monde dans une coproduction, on constate une composition de double contrainte, contrairement à la discrétisation par arrondi digital, qui délimite et découpe des unités à contrainte simple et donc potentiellement infinies. Tout organisme, qui fonctionne selon le principe de la double contrainte, est structurellement limité et territorialisé. C'est précisément parce ce qu'il est limité et territorialisé que, dans la coévolution et la coproduction de son contexte, émerge le sens. C'est d'ailleurs là que se situe l'un des paradoxes de l'intelligence artificielle : à son manque structurel d'intelligence, il faut encore ajouter son impossibilité de produire et d'interpréter du sens. Dans le champ biologique, contrairement au monde des artefacts techniques, les rapports et les corrélations entre les parties n'obéissent pas au principe de « continuité par contiguïté ». À l'inverse, ces rapports tiennent davantage de ce que Bailly et Longo ont qualifié de « longueur de corrélation critique », qui tend vers l'infini et constitue le propre des états de transition de phases et des « états critiques ». C'est cette « criticité étendue » (dans le temps et dans l'espace) qui explique que les rapports de continuité dans les organismes relèvent d'une continuité sans contiguïté, ou du moins, devrions-nous dire que cette continuité ne s'effectue pas seulement par contiguïté. Précisément, la continuité par seule contiguïté peut être comprise comme le propre de la contrainte simple du fait que dans les organismes la continuité sans contiguïté est le propre de la double contrainte.

CONCLUSION

Le problème n'est pas dans la technique

L'homme est selon nous un être qui puise absolument ses racines dans la terre, dans le champ biologique. Et, si nous tenons compte des trois dimensions présentées ici (champ biologique, agrégats, mixtes), nous pouvons définir le projet d'une certaine technoscience actuelle comme suit : éliminer, ou du moins réduire au maximum, le champ biologique. Dans le schéma implicite de la recherche actuelle, il n'y aurait ainsi que deux niveaux – les mixtes et les agrégats. C'est en tout cas ce qui caractérise clairement le projet du transhumanisme (à la fois caricatural et dangereux), à savoir la construction d'un homme et d'un monde postorganiques, sans corps. Il nous faut alors bien reconnaître qu'il n'y a rien de nouveau sous le soleil… Une fois encore, la haine platonicienne et religieuse du corps se manifeste par une nouvelle promesse métaphysique. Nous voyons aujourd'hui pointer le même dispositif de peur et de haine de la vie qui affirme que nos corps sont des simulacres, tandis que la vraie vie serait du côté des données et des algorithmes. Il y a quelques années, un philosophe français ne déclarait-il pas qu'il était « ami des nombres » ?

Les faits, écrivait Proust, ne pénètrent jamais le monde où vivent nos croyances. Et force est de constater que les faits n'ont jusque-là guère mis à mal la croyance en un homme augmenté au point de dépasser la mort. Avant de prêcher pour l'immortalité, certains auraient toutefois intérêt à se rappeler que nous sommes très loin d'avoir mis au point un vaccin contre le sida, que les cancers se développent de façon exponentielle, et que nous ne sommes pas encore capables de pallier les effets délétères d'une grippe ni même de vaincre certaines maladies infectieuses.

Les stupides délires transhumanistes qui nous annoncent l'homme postorganique ne nous parlent en réalité pas des techniques mais d'une culture en crise qui embrasse des promesses irrationnelles dangereuses. D'un côté, la croyance de l'homme occidental dans un « tout est possible » économiciste et techniciste. De l'autre, du trottoir d'en face, de façon quasi spéculaire, l'intégrisme religieux qui menace avec des tours de Babel apocalyptiques la frénésie de toute-puissance des humains. Au-delà de ces deux intégrismes irrationnels en guerre, que dire de la technique du vivant et du monde de l'hybridation ? En fait, tout reste à dire. Car le monde de la technique biologique ignore aujourd'hui encore presque tout de la vie, qui ne se réduit pas aux seuls processus physico-chimiques modélisables. Le défi de l'hybridation implique un effort pour détacher le biologique de son identification avec la machine. Pourquoi aujourd'hui des processus de calcul et de robotique sont-ils abusivement qualifiés d'intelligence ou de vie artificielle ? Précisément parce qu'on a perdu de vue ce qu'il convient d'appeler « vie » ou « intelligence ». Or ni l'une ni l'autre ne se limitent à la seule possibilité de résoudre une énorme quantité de calcul. Le cerveau, situé dans un corps et dans une situation, utilise, de façon restreinte certes, sa capacité de calcul. Son fonctionnement ne peut cependant pas, et en aucun cas, être réduit au seul calcul. Les fonctions du vivant, complexes et évolutives, résistent encore à leur traduction en algorithmes car elles débordent largement le domaine du calculable. Mais cette résistance n'apparaît déjà plus que comme du bruit dans le système. La croyance dominante affirme que le territoire obéit aux mêmes règles que la carte ; le territoire et la vie sont traités comme s'ils devaient obligatoirement se conduire d'après les règles de la carte.

Le problème ne réside certainement pas dans la technique. L'enjeu que soulève l'hybridation actuelle se situe davantage du côté de notre méconnaissance de la singularité et de la culture. Le vivant, toujours situé, toujours corporel, trouve dans les limites qui le constituent la possibilité de donner sens au monde et à soi dans une coévolution et une coproduction permanentes. Le sens dépend ainsi de l'existence d'une unité organique qui possède – chose inaccessible pour la machine – une intentionnalité. L'opérativité, toujours augmentée, à l'infini, des artefacts digitaux, ne contient pas l'ombre d'un début d'intentionnalité. Celle-ci provient de ce que nous devrions appeler une « dialectique des limites » : elle émerge d'une conflictualité des possibles et des compossibles. Les organismes vivants puisent cette intentionnalité dans des dimensions pré-individuelles issues de la très longue durée de l'évolution, articulées avec les tendances actuelles qui les traversent. Nous ne devons pas interpréter ces tropismes pré-individuels comme relevant d'un noumène sous-jacent aux phénomènes, aux situations. Le pré-individuel est l'immédiat qui permet, tout en motivant nos comportements, l'existence d'un agir. L'être humain, identifié à l'individu, loin de relever d'une vérité substantielle – qui serait, selon la doxa occidentale, le seul sujet d'action possible – ne fut et ne reste pas autre chose qu'une des possibles instances imaginaires, qui permet de comprendre l'existence d'un agent de l'agir. La conviction occidentale qui assimile chaque individu à un sujet est certes difficilement contestable dans la réalité des choses. Mais nous sommes dès lors en droit de nous poser la question : où donc se trouve la masse d'individus qui, dans leur for intérieur, méditent de façon autonome sur la philosophie, sur la politique, sur l'histoire, sur le devenir de la société... ?

La pensée, comme l'agir, correspond à des dynamiques de multiples agencés qui ne coïncident pas avec le découpage de la société en individus. Certains individus (nous devrions plutôt dire des segments de certains individus) seront capturés par un souci et pour un agir. Rappelons-nous la très brillante discussion de Michel Foucault autour de la question : « Qu'est-ce qu'un auteur[1] ? ». L'auteur, avec un nom et une date de naissance, est un maillon certes indispensable d'une œuvre qui, pour se réaliser, capture des segments de celui dont l'œuvre portera le nom. Le grand Victor Hugo l'écrivait déjà : « Les événements dictent, les hommes signent. » Nous nous contenterons humblement d'ajouter que non seulement ils signent mais aussi, souvent, qu'ils saignent.

Que reste-t-il dès lors de cette expérience que nous chérissons tant d'être « soi-même » ? S'il est vrai que l'individu, comme je l'ai écrit par ailleurs, est à considérer non pas comme une illusion (maya) mais comme une vérité de perspective, il n'en reste pas moins que quelque chose de l'ordre d'une permanence de soi est expérimentée, pas seulement pour nous mais aussi pour les autres, ceux que nous pouvons aimer, aider, agresser[2]... Paradoxalement, ce qui de chacun de nous existera avec force sera constitué par tout ce qui dépasse le champ faussement privé de notre vie personnelle. Ce qui dans la philosophie occidentale est ainsi assimilé à un sujet relève d'un point essentiel pour comprendre ce qu'est un agir. Car la signification, le sens, le propre de la vie et du vivant n'existe pas en soi. Il est toujours le résultat conflictuel entre l'action d'un sujet et ce qui pour lui apparaît comme des objets. Mais cette distribution sujet/objet/environnement, loin de déterminer le point de vue du sujet, dépend plutôt d'un point de vue situé et corporel. Au cours de l'histoire, les différentes cultures humaines ont identifié de multiples façons, selon leurs diversités de points de vue matériels, le sujet de l'action. L'intentionnalité, loin d'avoir toujours été identifiée à la qualité propre et exclusive d'un sujet humain individuel, a existé et existe encore comme la résultante de contraintes allocentriques. L'animisme, le totémisme, l'analogisme : autant de conceptions et de pratiques de ce que nous avons l'habitude de nommer un « sujet » (en tant que sujet de l'agir). Et pourtant aucune d'entre elles ne s'identifie à ce sujet humain individuel. Dans ces trois « ontologies », comme les nomme l'anthropologue Philippe Descola, nous constatons l'existence d'un agent de l'agir mixte et hybridé, composé par des segments certes humains mais aussi issus du monde animal, végétal et minéral. C'est la raison pour laquelle la perte du sujet humain de l'humanisme dans le monde de l'hybridation n'implique objectivement aucun problème. Il nous faut simplement souhaiter que cette hybridation s'opère sans écraser le vivant et la culture. On assisterait alors sans doute à l'émergence d'un nouveau sujet de l'agir, dont la forme serait constituée par l'articulation et l'incorporation de segments humains agencés avec des combinatoires techniques. Espérons que cette nouvelle alliance ne s'établira pas contre l'écosystème et l'animalité.

Quel que soit le contour de cette nouvelle figure (de mon point de vue plutôt proche de l'ontologie analogique décrite par Descola, où chaque être est structuré de façon analogue à la structure de l'ensemble de l'univers), celle-ci n'aura certainement rien à voir avec le golem sans forme des délires transhumanistes. Elle sera justement une forme, c'est-à-dire un étant pour lequel les limites, loin d'incarner l'ennemi à abattre, représentent sa condition d'existence. C'est pourquoi nous parlons de la mort, non par morbidité, et encore moins pour en revenir à un heideggérisme de sous-sol, mais parce qu'il n'existe pas de connaissance du vivant possible sans l'incorporation de ce moment fondamental pour le vivant que sont le devenir et la mort. Au total, le problème central de notre époque semble résider dans le défi et le besoin de comprendre les rapports conflictuels entre les nouveaux possibles produits par la haute technologie et les compossibles du champ biologique. Possibles technologiques et compossibles biologiques délimitent une frontière et déclenchent des mécanismes d'autorégulation des deux côtés. Il ne faut toutefois y voir ni garde-fou ni main invisible bienveillante qui agirait en dernier ressort.

Il est clair que les mécanismes d'autorégulation ne doivent pas être interprétés de façon naïve comme le développement résilient du vivant qui protégera la vie ou l'espèce humaine. L'autorégulation doit être comprise aussi et surtout comme ce grand pivot évolutif au cours duquel des espèces ont à jamais disparu. Et notre espèce humaine ne dispose d'aucun contrat passé avec des divinités olympiennes qui nous regarderaient avec tendresse. Face au désastre écologique, peut-on encore se permettre de parier sur une rationalité humaine qui pourrait opérer un réveil sauveur ? La question, aujourd'hui, serait plutôt : qu'est-ce qui, dans l'humain, et sous quel mode, peut participer à la défense de la vie ? La singularité de notre espèce, qui réside dans le fait de nous situer à l'interface conflictuelle entre le symbolique et le biologique, implique la possibilité de participer à un agir d'autorégulation capable de préserver la vie et notre vie. Il ne fait aucun doute que le recours à des éléments rationnels ou à la puissance de l'imaginaire – autre qualité spécifique à l'humain – puisse représenter un renfort très significatif dans la tâche de protéger les vivants à l'époque de l'hybridation. Mais encore faut-il que cette raison, cet imaginaire et cette capacité de se projeter propres au vivant ne soient pas séparés du corps, des corps et des situations concrètes qui sont les véritables unités organiques dans lesquelles un agir est possible. De même qu'il nous faut à tout prix éviter de retomber dans le piège de l'humanisme pour lequel seul l'homme peut être sujet de l'agir face au monde objet. Le défi de notre époque exige à l'inverse de participer à une conception et à une pratique allocentriques capables de penser pour et par la situation un agir auquel l'humain s'incorpore sans en être ni le centre, ni l'auteur, ni le sujet. Cela n'est ni plus ni moins qu'une version possible de la connaissance du troisième genre telle que l'a définie Spinoza, cette connaissance à laquelle accède le philosophe, qui perçoit les choses dans leurs relations, entre elles et avec leur milieu, qui connaît et agit non pas selon une perspective propre mais depuis le point de vue de la situation. Il est fondamental de s'adonner à la tâche de connaître et de comprendre où et sous quelle forme, dans chaque situation concrète, des mouvements situationnels composés par l'animal, le végétal, l'écosystème, la culture, l'humain, l'art et la technologie s'orientent vers le développement et la protection du *conatus*. Car, *in fine*, il s'agit bel et bien de persévérer dans notre être, en résistance contre l'économicisme et l'utilitarisme. Si le phénomène humain dans sa complexité indéfinissable peut ainsi s'incorporer à cet agir sans sujet substantiel, nous aurons sans doute réussi à trouver ce mode d'agir que les sagesses de jadis avaient identifié avec le non-agir. En suivant l'enseignement de Tchouang Tseu, il nous faut comprendre que s'il est toujours aisé de connaître l'utilité de l'utile, il importe aujourd'hui plus que jamais de connaître et de développer l'utilité de l'inutile, c'est-à-dire la vie même.

PROLONGEMENT

Éloge de la ligne : vers de nouveaux contours pour l'humain

Giuseppe Longo

Il ne faut pas « regarder le futur dans un rétroviseur », nous dit Miguel Benasayag. Il ne faut pas regretter une intégralité de l'humain qui n'existerait plus, et opposer ce vague souvenir de l'homme du passé aux différentes formes de transhumanisme, voire de « machinisme », que le scientisme d'aujourd'hui nous propose.

Tout d'abord peut-être parce que cet humain que l'on regrette, que l'on rêve, n'a jamais existé dans sa prétendue complétude. Ensuite parce que ce que Miguel Benasayag pose comme le défi de notre époque est justement celui d'une « articulation » et d'une « incorporation de segments humains agencés avec des combinatoires techniques » au sein d'une « nouvelle alliance, qui ne s'établira pas contre l'écosystème et l'animalité ». Un optimisme constructif tout à fait nécessaire à une époque où le « catastrophisme éclairé », comme celui que nous propose Jean-Pierre Dupuy, certes avec de réels arguments, peut ne plus suffire[1]. Comment intégrer cette nouveauté de la machine et des transformations qu'elle nous permet de l'écosystème à une nouvelle humanité, la nôtre, celle d'aujourd'hui ?

Différenciation cellulaire et unité organique

La réponse qu'esquisse ici Miguel Benasayag repose sur une analyse de ce qu'est la construction de l'humain. Si notre humanité se constitue dans un jeu d'interactions, par les liens mêmes qui en tissent la structure organique, alors il faut aujourd'hui qu'elle intègre, qu'elle « capture » ces composantes machiniques que nous ajoutons à son monde et par lesquelles nous enrichissons l'organisme, l'interaction au milieu et aux autres. Il faut faire de ces composantes de nouvelles « parties extensives », tout en conservant la singularité changeante de notre « axe intensif ». Ce sont là, à mon sens, les propriétés fondamentales du « champ organique » : les phénomènes de capture et la distinction entre « intensif » et « extensif ».

Pour ce qui concerne l'unité organique propre à tout être vivant, le tout premier défi qui se pose, si l'on considère un organisme multicellulaire, commence, selon moi, par une analyse de l'embryogenèse, c'est-à-dire de la construction même du vivant : c'est d'abord par sa propre genèse que l'organisme construit son unité organique. Ensuite, avec et dans son contexte, sa niche, son monde, il va tisser ces liens qui le coconstruisent, lui et son environnement. Contrairement à tout artefact, cette construction démarre donc par ce qui est déjà un organisme : la cellule fécondée, le zygote, qui se différencie par étapes successives. À chaque étape de sa formation, l'embryon reste un organisme, conserve son unité et produit graduellement ses tissus, ses organes, par différenciation cellulaire. Les cellules, selon leur place dans l'organisme et leurs relations, selon le contexte et leur propre structure et patrimoine génétique, construisent des interactions différentes entre elles, qui produiront un tissu, un organe. On n'obtient pas un animal en collant des jambes à un corps, en y vissant une patte, un pied, ni en enfonçant des yeux dans un trou... Les organismes résultent d'un processus de *différenciation organique* où, à toutes les phases de cette différenciation cellulaire, l'unité viable de l'organisme est préservée. À l'inverse, un artefact est produit par ajout de composantes, d'« organes », par agrégation de parties nouvelles.

En biologie, tout ce qui apparaît dans l'histoire constitutive, phylogénétique et ontogénétique, d'un organisme, a un sens, relatif à son unité, qui doit être toujours viable. C'est pourquoi, entre les *résultats* de ces constructions si différentes – artefacts et organismes –, il y a un abîme. L'organicité est intrinsèque à la construction même de tout organisme; elle s'impose à sa structure et à son fonctionnement: elle donne le point de départ de toute interaction avec le monde, y compris quand on intègre de « nouveaux organes » à un organisme au cours de sa vie. Quand l'aveugle touche les objets avec sa canne, il « sent » l'obstacle, les aspérités, *sur la pointe de sa canne*: la friction ne se fait pas, pour lui, où elle a effectivement lieu pour ses sens, c'est-à-dire sur ses doigts, sur sa main, mais là-bas, sur la pointe de la canne. Avec de l'entraînement, car l'acquis n'est pas immédiat, il intègre, *incorpore* son outil; il le « capture ». Il a ainsi pratiqué une « extension » de l'embryogenèse, pour ainsi dire, par l'action. De même, le bon chauffeur de voiture « sent » les aspérités du sol sous les roues, il se projette sur les roues; quand il se gare, il étend son corps aux dimensions de la voiture.

Commençons justement par cet exemple. Que dire de ces gadgets qui permettent de se garer automatiquement ? Informatique et électronique relativement fines, certes, mais qui s'interposent entre nous et l'objet technique, la voiture, dont ils nous séparent. Quelles sont les conséquences de cette perte de sensibilité ? Que se passera-t-il en cas d'urgence ? Si l'on doit, par exemple lors d'un accident, faire passer une voiture lancée à grande vitesse dans un espace restreint ? Les pilotes d'avion se plaignent ainsi de la multiplication des médiations électroniques entre eux et leur véhicule. Certes, pour les avions, les avantages que l'informatique offre pour la conduite et pour la sécurité sont à ce point considérables qu'ils valent bien cette baisse de l'intégration homme/machine. Est-ce la même chose pour la conduite d'une voiture ? Pour ma part, je ne le crois pas. Quant à pouvoir se passer totalement de l'humain… Que l'on songe simplement à l'échec que représente la voiture à conduite automatique, promise depuis trente ans et régulièrement relancée pour faire de la pub chez Google (il en va d'ailleurs de même pour les Google Glass, retirées de la vente en 2015 aussitôt après leur mise sur le marché), ou chez Uber, dont les taxis sans chauffeurs apparaissent et disparaissent à Pittsburgh, au gré de l'augmentation à court terme de la valeur de ses actions. Ces exemples peuvent paraître triviaux, vulgaires, au regard de l'envergure de l'analyse que Miguel Benasayag nous propose ici.

Ce que je souhaitais simplement souligner, c'est que la « bêtise » du transhumanisme dont il parle sera d'autant plus difficile à vaincre qu'elle s'appuie également sur une grande intelligence des affaires. Le défi auquel nous faisons face est donc double. D'une part, il faut écarter les effets d'annonce, les promesses qui ne parlent pas des outils techniques fantastiques dont on dispose aujourd'hui et de leurs usages effectifs, mais qui font toujours référence au futur, aux robots de 2040

– car plus l'avenir est éloigné, mieux c'est –, pour façonner idéologiquement le présent. De l'autre, même pour inventer la prochaine machine, il faut nous interroger : comment construire un nouvel humain qui intègre ces outils, y travaille, les façonne à sa guise, pense aux prochains outils à inventer, en fonction de l'homme actuel et de son écosystème ? Il est certain que nous, les hommes, saurons inventer d'autres machines, au-delà du numérique et des réseaux électroniques d'aujourd'hui. À moins que la puissance purement idéologique des computationnalistes de l'univers, ceux qui nous disent que l'ADN, le cerveau et même l'univers sont des (petits, gros et très gros) ordinateurs (des « automates cellulaires en réseaux », disent les plus modernes), ne nous empêche de penser et de construire d'autres artefacts en rapport avec notre humanité intégrée au monde.

La capture par le langage

J'aimerais maintenant, pour discuter de l'animal, dont l'homme fait partie, et de l'artefact, revenir sur cette apparente provocation que l'on fait ici en introduisant la notion de « capture » en différents contextes. Miguel Benasayag nous dit, par exemple, que ce ne sont pas les hommes qui parlent, mais que c'est le langage « qui capture les hommes pour être parlé ». Et ce processus nous est présenté, au sein du discours sur l'extensif et l'intensif, comme un cas particulier.

Souvent les éthologues soulignent la continuité entre les langages des hommes et ceux des animaux. Et ils ont parfaitement raison de nous rappeler ainsi la richesse de la communication entre les singes, les oiseaux, voire, plus encore, entre les baleines ou les dauphins, et de nous présenter ces dialogues comme des prédécesseurs, des « conditions de possibilité » pour le développement du langage humain. Le débat est certes très vaste, et je voudrais ici y apporter des éléments en réfléchissant sur ce qui a permis, à mon sens, l'invention de l'écriture et... des mathématiques. On comprendra alors pourquoi il est légitime, selon moi, d'employer cette notion de « capture » dans le sens convoqué ici.

Pour comprendre la singularité du langage humain, partons d'abord d'une étape bien plus tardive que l'invention du langage, à savoir l'invention de l'écriture. Qu'est-ce qui a précédé, et rendu possible pour l'homme, l'invention de l'écriture ? Bien évidemment son corps, sa main... Mais creusons davantage, au sujet de ce passage époustouflant, ce qui nous a permis de montrer, de « faire voir » l'invisible, le chant du langage, la pensée. Car l'écriture est une trace visible de l'invisible, qui compte davantage pour l'homme : la communication orale, la pensée, son âme. Dans les prémisses de cette invention se situe la singularité de la langue humaine, qui est certes un *continu* par rapport aux langages de certains animaux, mais qui compte des « transitions ». Il ne faut pas confondre « discontinuité » et transition de type « critique », où beaucoup de choses changent mais pas tout – la continuité préserve toujours une partie de l'étant.

Expliquons cette métaphore mathématique, que je considère comme très importante. Le continu mathématique permet de parler de ces « transitions critiques », de ces passages où le continu franchit des « murs », comme quand la vapeur devient flocon de neige : soudainement, *dans le continu* du changement d'un paramètre, par exemple la température, il y a un passage, une transition « critique » après laquelle la matière se réorganise radicalement. Ce point de passage correspond à une valeur bien précise de la température. Cette « criticité », les mathématiques en rendent compte, en particulier, par la divergence d'une dérivée en un point, dérivée qui acquiert donc une valeur infinie. Dans une représentation graphique, il s'agit d'une ligne continue qui devient verticale en un point précis où tout change… dans la continuité. Cela peut paraître un détail, mais trop souvent des métaphores mathématisantes du langage commun utilisent pauvrement l'opposition continu/discontinu. On se demande par exemple s'il y a une continuité ou non entre le langage animal et le langage humain. Une meilleure métaphore empruntée aux mathématiques pourrait être : « Dans la continuité du passage entre ces langages, il y a une transition critique qui réorganise totalement les liens que les espèces tissent entre elles et avec le monde. »

À mon avis, et bien avant l'écriture, une transition critique s'opère dans la communication humaine : le passage au savoir-dire l'insensé, pour donner un sens à ce qui n'en a pas. Ce passage, précédant l'écriture, fait partie de ses conditions de possibilité. Les hommes, quelque part dans le temps, ont commencé à parler de mythes, des ancêtres et des dieux qui ne sont pas là mais qui organisent l'humain, donnent un sens à nos activités communes tout en étant à leur tour « insensés », car ils ouvrent un nouvel espace de sens. C'est cela le rôle du langage humain. De même, en regardant la voûte céleste avec ses points lumineux, parfaitement insensés, les hommes leur ont donné un sens en les organisant : voilà une forme, un lion, un taureau, un visage, qui se découpent dans l'invention du mythe. Certes, cela pouvait guider l'action commune, permettre de reconnaître les directions dans l'espace, les saisons, dit-on aussi. Mais ces contours découpés reposaient sur l'insensé qui proposait un sens à ce qui nous échappait (et, au fond, nous échappe encore : à quoi bon ces étoiles ?).

Cette organisation de l'insensé, ce mouvement d'extraction/forçage de formes du monde et sur le monde, le fait de voir et de tracer des contours là où il n'y en a pas, même dans le ciel, nous a ensuite et très probablement permis de rendre visible la langue par l'écriture, comme savent le faire les dieux. Ainsi les tribus qui, en Mésopotamie, inventèrent toutes les formes de l'écriture au IVe millénaire avant notre ère, disaient, nous raconte Clarisse Herrenschmidt, que « les étoiles sont l'écriture des dieux[2] ». À tout le moins, cette projection de formes là où il n'y en a pas me paraît être une condition de possibilité pour que ce geste scriptural, qui impose des formes visibles au continu invisible, chanté, de la langue, émerge. Déjà, donc, les activités langagières ou d'échange entre les hommes en général, qui ont organisé un monde insensé bien avant l'écriture, par le dessin notamment, nous différencient nettement de tout animal : elles sont une singularité propre qui nous capture. Car une fois inventé ce langage du mythe, l'homme est capturé par lui, il passe une barrière, une transition critique ; il voit le monde différemment, en l'organisant par ces nouveaux gestes et signes. Ces gestes de forçage, d'extraction et de mise en forme du sens le différencient de façon irréversible de l'animal et lui permettront d'inventer l'écriture. Car l'écriture force elle aussi du sens et canalise l'expression humaine autour de nouveaux sens. Puis les deux changent, grâce à une nouvelle stabilité, un « montrer », un « voir » la pensée qui permet aussi de la figer. Cette transition modifie la conscience même des hommes : voilà ce que je pense, c'est écrit là, bien visible… Et cela nous mène dans un autre monde, qui nous capture.

Les contours, les bords

Bien avant l'écriture, l'interaction entre le langage et le geste, voire le dessin, permet une invention que je considère comme étant à l'origine de la géométrie autant que des mathématiques. Dans des grottes comme celle de Lascaux, plus de dix mille ans avant l'invention de l'écriture, on voit apparaître des peintures d'animaux. Certaines évoquent, par une tache marron ou noire, un bison ou un cheval. Mais il y en a d'autres, bien plus surprenantes, qui ne représentent ces animaux que par leurs contours – des lignes, des bords, revenons-y. Seuls des hommes, très probablement en même temps que l'invention mythique – le rite –, et certainement grâce au langage, ont pu faire voir, montrer, à d'autres hommes, des animaux dans ces lignes insensées, dessinées sur des roches non uniformes, qui ont soudainement conféré un nouveau sens à leurs activités dans ce monde. Quand on reconnaît un bison dans une ligne fermée, on franchit un mur, une transition critique. On est alors capturé par un nouveau monde symbolique: des « parties extensives » capturent et réactualisent l'« axe intensif » de l'humain, qui change à tout jamais.

Une autre transition dans la culture humaine m'intéresse tout particulièrement en tant que mathématicien: l'invention grecque de la toute première des structures mathématiques, la « ligne sans épaisseur ». Le maniement par Euclide de la ligne en tant que « longueur sans épaisseur », et la définition ß un peu plus tardive – « La ligne est une longueur sans épaisseur » –, que l'on trouve dans le premier livre des *Éléments*, sont des composantes essentielles de l'invention de la géométrie occidentale. Ce n'est que depuis un siècle que les logicistes et les formalistes nous racontent et comprennent qu'Euclide est l'inventeur de la méthode axiomatique[3]. C'est certainement vrai: la rigueur de la déduction – « si…, alors…, autrement… » – est extraordinaire chez Euclide, comme la clarté de la position des axiomes, des postulats, etc. Aujourd'hui, nous dit-on, ils sont « potentiellement mécanisables ».

Mais il y a bien plus: les Grecs inventent la notion de « bord », de « ligne sans épaisseur », une structure purement mathématique qui n'a pas de sens dans le monde. Toutes les figures de la géométrie grecque sont faites de ces lignes sans épaisseur ; elles ne sont que des purs bords. La preuve procède alors par rotations et translations, des symétries du plan, appliquées à ces figures, à ces lignes. Puisque la ligne est sans épaisseur, ils peuvent démontrer que l'*alogos*, l'« irrationnel », et l'*apeiron*, l'« infini », s'infiltrent dans le fini : la longueur de la diagonale du carré unitaire, une ligne, est un nombre irrationnel, et on ne finit jamais de l'engendrer en effectuant la racine carrée de 2 *eis apeiron*, « vers l'infini », car toutes les lignes en question sont sans épaisseur – des lignes limites. De même, le bord du cercle a comme rapport avec son diamètre π, un nombre dont la génération ne finit jamais, ce qui est possible uniquement parce que ce bord est sans épaisseur et que donc les polygones inscrits et circonscrits ne l'atteignent jamais. Il fallait pour cela projeter dans le monde, ou voir à la limite du monde, cette ligne insensée, sans épaisseur, qui n'existe nulle part : c'est la première limite mathématique. C'est une limite qu'il faut penser, une limite dont la pensée n'a rien de mécanique. C'est une ligne mythique, platonicienne probablement. Par ces lignes, autrefois tracées certes avec une épaisseur mais tout aussi audacieuses que les dessins de Lascaux, un dialogue avec les dieux est rendu possible.

J'insiste sur ces thèmes car je pense qu'il faut repenser la philosophie des mathématiques non plus comme une annexe de la philosophie du langage, mais dans le cadre d'une philosophie de la connaissance et de la nature. Parmi les autres formes de connaissance et d'action, y compris préhumaines, elle est une composante singulière. Mais elle y est profondément intégrée, étant le lieu premier de ce « découpage » dont nous parlons. La philosophie des mathématiques est donc utile, voire exemplaire, pour analyser les autres modalités de découpage du monde.

Aux contours des bisons de Lascaux, le mythe grec a donc ajouté une construction idéale, un « voir une idée » (le verbe *idein* veut dire « voir »), c'est-à-dire ce qu'on ne peut ni dessiner ni voir (qui peut dessiner ou voir une ligne sans épaisseur ?), mais que l'on peut dire, dans la parole qui accompagne le geste qui trace, qui dessine et construit la figure, qui la découpe dans un arrière-plan, de la façon la plus abstraite qui soit. La langue et le geste évoquent ensemble un monde idéal, une nouvelle forme de vision – notre invention – au-delà du visible. Encore une fois, les mots qui accompagnent l'action nous font franchir une transition dans le continu de la construction des connaissances. Cette « transition critique » nous fait passer dans un autre monde, celui du langage et des structures mathématiques occidentales, des constructions à la limite infinie, hors du monde. Et quand on y pénètre, on est capturé de façon irréversible.

Le découpage

Ces deux opérations – l'invention paléolithique d'un contour, d'un bord, pour évoquer un objet, un animal, et l'audace grecque qui consiste à dire qu'« en géométrie, ce bord n'a pas d'épaisseur » – constituent, selon moi, deux passages fondamentaux dans le « découpage du réel ». Les objets ne sont pas « déjà découpés », encore moins « qualifiés ». Il y a sûrement des singularités, voire des discontinuités, dans le passage visible entre un objet et le fond, l'arrière-plan, ou vers un autre objet : des variations de lumière, de couleurs, des ombres, des nuances... Le découpage de cet objet sur le fond est un geste que chaque être vivant fait à sa façon : la tique, dont nous parle Jakob von Uexküll, qui n'a pas de vision, uniquement un odorat et une sensibilité à certaines rugosités, découpe ce qu'elle découpe en fonction de sa propre singularité ; son *Umwelt*, son monde, est donc fort différent du nôtre. Les vertébrés, qui possèdent un œil et un cortex visuel primaire similaire au nôtre, font un premier découpage du monde grâce à cet œil et à ce cortex : cette couche neuronale, où arrive le signal optique, est sensible aux singularités et aux discontinuités de la lumière, et elle *impose*, pourrait-on dire, des contours aux objets. L'effet cérébral de ces saillances, de ces singularités que les jeux de lumière proposent au cerveau, a été largement étudié, au moins depuis les travaux des neurobiologistes David Hunter Hubel et Torsten Wiesel, qui ont reçu le prix Nobel en 1981. Le cortex primaire, premier lieu où le signal optique parvient au cerveau, réagit seulement à ces singularités lumineuses et transforme grâce à des réseaux d'interaction neuronaux ces discontinuités, qui deviennent alors des « contours ».

Les objets n'ont pas de contours « en soi ». C'est le cerveau animal qui, construisant des corrélations neuronales, découpe les objets et leur attribue par là-même des contours qui sont donc « inventés », construits par le cerveau selon les variations de lumière. Toutefois, seuls les hommes ont eu l'audace d'imprégner d'une couleur leurs doigts, voire un bout de bois, puis un pinceau, et de tracer sur une paroi ces contours, qui ne sont pas dans le monde. Notre cortex primaire est certes une des conditions de possibilité pour que ce geste ait lieu, mais la langue, y compris celle de la pensée mythique et de ses rites, est tout aussi essentielle : aucun autre animal ne peut reconnaître l'image évoquée par une seule ligne fermée, et encore moins, que je sache, la dessiner – sauf peut-être un singe forcé par l'amour et l'enseignement de son maître. Encore une fois, ces activités cérébrales, une découverte majeure, ne sont pas le phénomène, mais une condition biologique pour qu'il soit possible de tracer un contour dans la langue, le geste, l'histoire commune, puis d'oser dire qu'il n'a pas d'épaisseur.

Identifier l'activité cérébrale avec un phénomène, un comportement, voire un jugement esthétique ou éthique, est une erreur majeure : si notre cerveau les rend possibles, il ne les détermine en aucune façon. Aucune analyse du cerveau, isolé comme dans un pot de confiture, ne nous permettra jamais de reconstituer un jugement géométrique, éthique, esthétique, ou un comportement économique – des analyses très à la mode, malheureusement. Rappelons-nous que les expériences de Hubel et de Wiesel ont été faites et mille fois réitérées sur des chats. Toutefois, aucun d'entre eux n'a jamais reconnu les dessins de Lascaux ni développé la géométrie d'Euclide alors qu'ils disposent des mêmes « conditions de possibilités cérébrales » que nous. Mais ils ne possèdent pas pour autant ce geste de la main qui trace une courbe, ce langage qui nous a permis de parler des étoiles, de les interpoler et d'inventer des mythes.

Selon mes amis qui travaillent sur le cortex visuel avec une sensibilité non scientiste, les « saillances » évoquées par Miguel Benasayag, les « signes biologiques », entrent ici en jeu. Certains scientifiques commencent en effet à étudier comment le sens et l'intérêt du sujet pour un objet façonnent même le cortex visuel primaire, ce niveau si bas du cerveau : un objet « saillant », prégnant, intéressant, voire magique, suscite l'émotion, contribuant à façonner cette trace cérébrale du jeu de lumière. Il n'est donc pas possible de faire une analyse du cerveau hors contexte, pas même de l'effet du signal le plus élémentaire, primaire, sur le cerveau d'un homme : le sens, ce constitué commun dans une histoire commune, façonne même la structure cérébrale la plus ancienne, la moins proprement humaine, c'est-à-dire le cortex primaire, dans son interface au monde. Tout langage humain, y compris celui des gestes et du dessin, entre de façon massive dans la constitution de cette histoire, en contribuant à construire le sens, qui rétroagit même sur la structure neuronale. La langue n'intervient donc pas seulement dans le dialogue entre les hommes qui dessinent des contours et qui évoquent à leurs semblables leur signification, mais aussi au niveau très profond du marquage, du façonnement cérébral. Le cerveau est lui aussi façonné, « capturé », par la pensée commune.

À partir de là, j'insiste, il aura fallu un long parcours, une construction sociale très forte, pour que certains hommes osent dire, entre science et mythe : « Quand je trace la ligne en géomètre, j'entends que cette ligne, ce bord, n'a pas d'épaisseur. » « Comment ? Ce que tu traces a bien une épaisseur ! » « Eh bien, non, je parle de ce que je vois dans mon esprit, une idée de ligne, un mythe » : la ligne tracée ne fait qu'évoquer une idée, comme le contour dessiné du bison ne fait qu'évoquer le contour visuel de l'animal. Ces lignes sans épaisseur sont « génériques », comme je l'ai déjà dit au sujet de tout objet mathématique et physique : en faisant bien attention d'avoir, comme dit Galilée, « *defalcato le bagaglie* » (« soustrait le bagage », c'est-à-dire ce que je considère comme non essentiel à l'analyse), je peux travailler sur une seule ligne, un seul triangle (un seul poids qui tombe, un seul électron), pour énoncer les propriétés générales de cet objet, qui le qualifient. Il n'y a, dans tout cela, aucune « induction », mais de l'audace : celle de poser la généralité d'une action – une pomme qui tombe, une proie qui vole… – et de découper dans la mémoire, voire dans la rétention préconsciente, l'invariant qui permettra de tracer une trajectoire.

Cet invariant de la mémoire, par l'apprentissage, permettra d'effectuer le geste protensif qui précède la pomme dans sa chute, la proie dans sa trajectoire, sans lequel on ne pourrait jamais les saisir. Dans la mémoire, l'invariant, c'est-à-dire la trajectoire, est abstrait, et ce même en l'absence de mots pour le décrire, c'est-à-dire bien avant la langue. La saccade oculaire qui, chez de nombreux vertébrés, précède la proie, la pomme qui tombe, permet l'action, la saisie, en traçant la courbe continue de poursuite. Cette courbe n'existe pas, le cerveau animal l'invente. Elle est déjà une abstraction, bien avant les mots.

Or ce continu projeté dans le monde, celui de notre action, constitue la condition de possibilité pour que, par un geste du doigt, on puisse évoquer à un autre être humain cet invariant fondamental : un contour, une trajectoire continus. Avec la langue, les invariants pratiques, propres à maints animaux, la trajectoire, puis le contour, seront nommés, qualifiés, c'est-à-dire enrichis de propriétés, par exemple mathématiques. Ils acquièrent alors une indépendance par rapport au monde, qui nous aveugle et nous fait croire qu'ils sont déjà là, que les objets du monde sont déjà tous découpés et qualifiés comme nous les découpons et les qualifions, voire que les objets mathématiques existent déjà, dans un autre monde, idéal, où résident aussi toutes les trajectoires et toutes les surfaces mathématiques possibles. Car, en réalité, le bon mathématicien les « voit », au point de confondre sa performance cognitive remarquable, l'entraînement d'une vie à voir les structures des mathématiques, avec une « ontologie », un absolu. Mais ces invariants, que les mathématiques décriront comme un bord, la trajectoire d'une dynamique (la version analytique de la ligne grecque), et les surfaces qu'ils définissent, ne sont pas déjà dans la tête de quelque dieu ou grand mathématicien au Collège de France. Ils sont plutôt le résultat d'une *praxis* très profonde, où actions, langages et mythes se superposent grâce à un cerveau qui les rend possibles, puis actuelles, mais uniquement dans un contexte de pratiques communes et langagières qui « capture » ce cerveau, le façonne.

Pour moi, donc, l'analyse des fondements des mathématiques s'articule avec celle des interactions les plus anciennes entre nous et le monde, dans la langue et le geste, voire avant la langue humaine, dans les structures de la cognition préhumaine, celles qui permettent d'agir dans l'espace, de précéder une proie par une saccade oculaire et de tracer la courbe de poursuite. Peut-être qu'en dehors des mathématiques aucune autre forme de connaissance n'est à ce point ancrée dans l'action, dans la structure du corps dans l'espace. Puis, par la langue, l'homme a stabilisé ces constructions limites qui sont au cœur des mathématiques. Il a établi la généricité de tout objet mathématique : un seul vaut pour tous, car il est un « objet limite ». Il faut en effet que mon triangle ait des bords sans épaisseur pour que mon théorème soit valable pour tous les triangles ; s'il a un bord épais, quelle est sa surface, est-elle comparable à celle d'un autre triangle similaire ?

C'est pourquoi je considère, comme tant de philosophes, de Platon jusqu'à Husserl et Wittgenstein, que les mathématiques sont très importantes pour parler de la cognition humaine en général. Leur ancrage ancien, linguistique et prélinguistique dans l'action – le geste dans l'espace –, révèle l'universalité, humaine, toute humaine, de l'invention mathématique qui n'est point mécanisable et qui n'a pas non plus besoin de recourir à un absolu. Tous les hommes comprennent le continu d'un geste, seule façon d'appréhender la construction mathématique du continu, que le maître peut alors expliquer aisément. Sans geste du maître, sans trace continue sur un tableau d'une ligne, on saisit mal les constructions d'Euclide, voire celle du continu de Georg Cantor. Car aucune déduction logico-formelle, et encore moins machinique, ne nous permettrait de les comprendre, ni de les continuer ou d'inventer une construction qui en découle. Mais l'histoire s'en mêle. Seules les mathématiques occidentales ont osé dire, écrire explicitement, poser à l'origine de la géométrie et utiliser dans la preuve, avec l'éclat d'un tonnerre : la ligne est sans épaisseur.

Les dérives de l'induction mathématique

Or, au XXe siècle, le logicisme et le formalisme ont dominé les fondements des mathématiques et interdit toute analyse cognitive, toute épistémologie historique comme celle que je viens d'esquisser, avec une retombée formidable : l'invention de la machine logico-formelle, hors du monde et pourtant au cœur des changements que nous vivons aujourd'hui. Miguel Benasayag évoque ici, et j'en ai également beaucoup parlé dans plusieurs articles, des résultats négatifs des années 1930, de Gödel, de Turing et de Church notamment, sur lesquels cette invention repose.

La machine arithmétique, qui est au cœur de toute analyse contemporaine de l'artefact, dérive donc des limites posées à cette monomanie qu'ont été, et sont encore, les analyses purement arithmétiques et logiques des fondements des mathématiques. Elle est en deçà de ces limites : la notion de calcul formel, dont celle de Gödel, et la machine de Turing, à l'origine de l'informatique, ont permis tout d'abord de démontrer les limites du calcul. Cette notion de calcul formel est née pour formuler avec rigueur des énoncés indécidables, des fonctions non calculables, pour opposer des « non » à ces mythes de la toute-puissance du logico-formel, en somme pour désigner les « bords » à l'intérieur desquels se trouve le calculable. Tout ce que je viens de dire sur l'action et sur les gestes dans l'espace n'a pas de sens pour les approches numériques des fondements des mathématiques, basés sur des nombres entiers : tout cela est au-delà de leurs limites. Pour les mathématiciens allemands Gottlob Frege et David Hilbert, et plus encore pour les formalistes et les computationnalistes d'aujourd'hui, Intelligents Artificiels ou pas, le comptage par les nombres entiers (un absolu, selon Frege) peut tout dire sur les mathématiques, voire sur le monde. L'induction arithmétique serait complète, elle fonderait toute preuve, elle permettrait tout raisonnement, voire toute action dans le monde.

Avant cela, bien en amont des résultats d'incomplétude, toute preuve qui ne reposait pas sur un ensemble bien ordonné, comme la suite des nombres entiers que l'on a apprise à l'école élémentaire, ne pouvait pas être donnée par induction. On se référait à la généricité de l'objet de la preuve : n'importe quel triangle rectangle, n'importe quel espace, etc., possède telle ou telle propriété ; l'analyse d'un seul suffisait pour tous. Il s'agissait, par ces gestes organisateurs, comme les symétries dont j'ai longuement parlé ailleurs, de saisir l'invariance d'une trajectoire mémorisée – un « savoir-agir » essentiel pour rattraper une balle, une proie, dans un contexte différent. Pour cette raison, il fallait savoir constituer l'invariant de la mémoire, en saisir la stabilité, c'est-à-dire le niveau d'invariance (mathématique) pertinent.

Avec les fondements arithmétiques des mathématiques, tout cela est oublié, voire interdit, et, par conséquent, totalement étranger à la machine arithmétique et à l'image du monde qu'elle nous propose. Les deux sont en train de changer le monde, grâce à la vitesse de la machine numérique et à sa mémoire exacte qui n'oublie jamais rien, pas même « *le bagaglie* » de Galilée dont l'oubli permettait justement de constituer l'invariant, c'est-à-dire ce qui ne changera pas en fonction du contexte, en vue de préparer une action future. La machine numérique d'aujourd'hui, elle, ne fait que compter, elle ne peut voir aucune ligne sans épaisseur. Et nous faisons, nous, les hommes, des miracles avec cela, avec l'ordinateur alphanumérique, ce nouvel univers langagier objectivé dans une machine à états discrets.

Si nous nous faisons capturer par ce nouveau langage arithmétisant, en écartant de l'analyse et de la *praxis* tout ce que je viens de dire sur les gestes, le découpage, l'action protensive, la construction d'invariants par l'oubli et le fait que ces transformations soient aussi ancrées dans des pratiques prélangagières, corporelles, riches de sens, nous perdrons une partie importante de notre humanité. Comme le dit Miguel Benasayag, c'est nous, avec notre histoire humaine et pré-humaine, qui devons capturer les artefacts, et non l'inverse. C'est à nous, les hommes, de le faire, nous qui avons inventé les échecs et le jeu de go, ces folies combinatoires qui empêchent, même face à une combinatoire finie immense, de penser comme une machine: les combinaisons sont trop grandes, il faut inventer des stratégies qualitatives, des « visions » du jeu. Plus précisément, ce sont les Chinois qui les ont inventées, dans leur propre histoire, tandis que nous inventions la « ligne sans épaisseur », folie ontologisante d'une tout autre nature qui nous mènera, nous, les Occidentaux, jusqu'au calcul infinitésimal. Mais aujourd'hui, la création d'un jeu à la combinatoire humainement impossible, qui nous oblige à penser une vision organique du jeu, est écrasée par une machine combinatoire parfaitement stupide et qui n'aime pas jouer, mais qui engendre des millions de stratégies possibles par seconde, les compare (par des méthodes du gradient triviales) en quelques nano-secondes, et gagne sur l'humain… tant que nous n'inventons pas d'autre jeu. Dans la contingence de l'histoire, dans des histoires et des univers différents, nous avons su, par des frictions différentes au monde, proposer des structures conceptuelles si diverses, et bien plus, au prix de quelques errements… Si la politique ne s'en mêle pas trop, en trouvant dans cette machine, qui obéit et qui ordonne formellement, l'ordinateur, une voie pour un nouvel autoritarisme, nous pourrons certainement continuer, en capturant aussi ces artefacts. Et nous pourrons penser à inventer la prochaine machine!

La formation historique du sens

L'assemblage par lequel on construit tout artefact, en empilant ses composantes minimales, élémentaires et simples, l'une après l'autre, n'a rien à voir, disions-nous, avec l'embryogenèse, qui est un processus de différenciation à partir d'une cellule. Les rythmes qui scandent ce processus et en marquent chaque étape, à partir des rythmes de la reproduction cellulaire, varient dans le temps et selon le contexte tissulaire en formation. Une fois les organes suffisamment formés, ils donneront ces rythmes internes qui scandent nos vies : cardiaques, respiratoires…

Dans différents travaux, avec des biologistes, nous avons distingué ces rythmes internes des rythmes « externes » de nature purement physique. Parmi ces derniers, on peut citer le rythme circadien (l'alternance jour/nuit), ainsi que le rythme saisonnier, très importants pour tout organisme, qui sont ancrés sur des processus physiques, astronomiques. En revanche, les rythmes internes ne sont pas directement raccordés à ces derniers : une petite souris produit jusqu'à 600 battements cardiaques par minute ; un éléphant, 15 ou 20, soit 40 ou 30 fois moins qu'elle. Entre leur durée moyenne de vie respective, on retrouve un écart similaire : un éléphant vit 30 à 40 fois plus longtemps, en moyenne. Ainsi, au total, pour les deux espèces, le nombre des battements cardiaques produits par un individu au cours de sa vie est à peu près identique. On retrouve là l'un des rares grands invariants numériques du vivant, des grands clades ou ensembles d'espèces. Ces rythmes internes ont très probablement une origine qui se raccorde aux rythmes physiques, mais ils n'en dépendent plus directement (hormis le fait qu'on observe un léger ralentissement du rythme cardiaque pendant le sommeil). Bref, les grands rythmes internes, ceux des horloges propres au vivant, scandent son temps. Mieux :

les organismes organisent leur temps dans un jeu entre leurs rythmes propres et les rythmes externes, physiques. C'est peut-être là qu'émergent les rites...

Les rythmes externes sont les fréquences d'un temps physique, celui du déroulement d'un processus, par exemple la Terre qui tourne sur son orbite autour du Soleil. Il s'agit d'un temps irréversible car il y a dispersion d'énergie – jusqu'à la mort du Soleil dans le temps, par exemple. Plus encore, un ouragan, une micelle, un cycle chimique hors équilibre, sont des processus traversés par des flux de matière ou d'énergie, et ils possèdent tous un temps qui découle de, ou mesure, ces « processus », ces flux. Mais ils ne possèdent pas, contrairement aux organismes, de rythmes internes, propres : ils sont des fréquences reliées à ce temps processuel. Et, surtout, ils ne possèdent pas un temps historique : depuis quatre milliards d'années, les ouragans et les flammes sont du même type ; ils prennent plus ou moins les mêmes formes. En revanche, historiquement, les formes des organismes biologiques, voire leurs fonctions, ont quelque peu évolué !

Qu'entend-on alors ici par « temps historique » ? Tout d'abord, c'est un temps marqué par le changement des « observables » possibles et pertinents : dans le cas de l'évolution biologique, les phénotypes. À l'inverse, dans les processus étudiés par la physique, la liste de ces observables ne change pas, même lorsqu'on est loin de l'équilibre : un ouragan ou une flamme peuvent être analysés avec les mêmes outils à toutes les époques de l'histoire de la Terre, on mesurera chaque fois les mêmes lignes, les mêmes surfaces, les mêmes activités. A priori, on peut en faire une liste exhaustive, même si, dans le détail, leur « forme » pourra différer. En physique, pour analyser les processus, même changeants dans le temps, on peut, voire on doit, se donner l'espace mathématique des « phases », c'est-à-dire la listes des possibles : tous les observables et tous les paramètres. Ainsi, le premier grand effort inventif de tout théoricien en physique est de proposer le bon espace de phases : par exemple, on ajoute l'entropie à l'énergie et au temps, et on invente ainsi la thermodynamique ; on construit des espaces très abstraits, ayant, si nécessaire, une infinité de dimensions, et on mathématise la physique quantique comme l'a fait Erwin Schrödinger. En revanche, au cours de l'évolution biologique, ce sont les observables et les paramètres pertinents qui changent ; du nouveau se construit par bricolage, mutations, etc. Ces changements scandent le temps historique du vivant. Ainsi de nouveaux organes, de nouvelles fonctions, de nouveaux organismes, apparaissent. Des rythmes qui n'étaient pas là auparavant se mettent en place, c'est-à-dire une nouvelle scansion du temps. La formation, qui ne s'arrête jamais, de ces « nouveaux contours » de l'humain, et d'abord de l'animal ; voilà ce qui marque le temps de l'histoire, biologique puis humaine. Comme le dit Miguel Benasayag, « les différentes structures anthropologiques (au sein desquelles les êtres humains ont existé et existent), et l'espèce, en tant que plis du champ biologique, ne forment jamais une unité équilibrée et fixe. Il n'y a pas un mode d'être un être humain [ni animal] qui soit "correct" et "définitif" ». Le sens du biologique existe dans la mesure où il change dans la continuité, par des transitions critiques. Il se construit dans ses dynamiques historique, collective, « mixte », et individuelle, et les deux, leurs rythmes, s'entremêlent. Le seul organisme biologique qui ait une essence « fixe » et « équilibrée » est totalement mort ; c'est un cadavre aseptique.

Ernst Mach disait, comme Miguel Benasayag le rappelle, qu'« il n'y a pas d'objet derrière les sensations ». Pour ma part, je préciserais qu'il n'y a pas d'objet « découpé » et « qualifié » derrière les sensations (dans le sens que j'ai donné plus haut à ces termes). C'est en réalité notre action de découpage, de qualification (le fait de dire « ceci est cela », et de différencier ainsi un objet par sa prétendue « essence », qui le rend différent d'un autre), qui fait friction sur un « réel » qui s'oppose, voire qui canalise notre effort de découpage, de saisie, de compréhension, du moins de recherche d'une invariance suffisante pour une action future. On ne peut donc pas découper et qualifier n'importe comment, on ne peut pas dire n'importe quoi: le réel et notre histoire s'y opposent.

Bien évidemment, ce cumul historique d'expériences, phylogénétiques et ontogénétiques, qui nous permet d'être au monde, la mémoire de la vie et de l'action passée, est interprété lors de son vécu, de sa constitution/mémorisation, puis réinterprété au moment d'effectuer une nouvelle action. Lors du premier geste de découpage et de qualification du réel, on conserve ce qui est stable, ou, mieux, on conserve les aspects de la stabilité résultant du découpage qui sont signifiants, importants, voire qui peuvent nous servir pour une action future. Cela, il faut apprendre à le faire. Il faut apprendre à découper le réel. L'enfant mettra des mois pour apprendre à rattraper une balle, c'est-à-dire pour construire dans sa mémoire l'invariant de la trajectoire à précéder – s'il ne la précède pas par un geste protensif, il ne pourra rien rattraper. Il doit alors évacuer les détails qui n'ont pas d'importance pour la saisie, par exemple les couleurs. Des balles qui auraient des trajectoires différentes selon leurs couleurs dérouteraient terriblement le meilleur des joueurs de tennis…

J'ajouterai, à ce temps historique et à sa mémoire, constitutifs de l'animal et de l'humain, un autre élément: le rôle des événements rares. Le temps historique constitue la mémoire animale et humaine à travers les expériences actives qu'ils font des différents « mixtes », si j'ai bien compris ce qu'il faut entendre par ce terme. Or l'histoire, du moins évolutive, et certainement humaine et individuelle, est aussi scandée par des événements rares. Toute trajectoire phylogénétique, évolutive donc, est un parcours marqué par des changements de direction, des spéciations, tous dus à des événements rares. Le *hopeful monster*, la variante « anormale », l'apparition de l'être qui n'est pas « moyen », qui diffère tellement des autres qu'il ne serait pas viable normalement, est, en soi, rare. Mais il est encore plus rare qu'il puisse coconstituer une niche, trouver un nouvel écosystème qui le rendra viable. Peu importe la manière dont s'est formé ce *hopeful monster* – variation génétique, expression génétique différente, même induite par l'écosystème, changement purement phénotypique, ex/post-adaptation d'un organe (comme l'ex-aptation théorisée par Stephen J. Gould ou le bricolage proposé par François Jacob[4]) –, la viabilité de ce qui est suffisamment différent pour que l'on puisse le qualifier comme tel, le découper des autres, est rare. Mais cela contribue de façon essentielle à l'histoire du vivant. Je crois aussi que celle de nos sociétés humaines en est aussi marquée, et sans doute aussi celle de chaque individu.

Les changements de l'espace des possibles, donc, et les événements rares, scandent le temps historique et construisent le sens. Le sens résulte de cette mémoire changeante, qui oublie et qui est réinterprétée chaque fois qu'elle est convoquée. Par elle, on tente en effet aussi de donner du sens à la nouveauté, de retrouver des stabilités suffisantes pour permettre l'action : le changement perturbe nos actions, interfère avec elles, demande une nouvelle interprétation, pose un problème et constitue, en cela, le (nouveau) sens du monde. Puisqu'il ne possède pas cette mémoire active, interprétative et réinterprétée, qui oublie (c'est là sa propriété fondamentale), et est donc incapable de produire un geste protensif, puisqu'il ne connaît pas cet ancrage du temps dans l'évolution biologique et dans l'embryogenèse de tout multicellulaire, qui est tout sauf un assemblage artificiel, on voit mal comment un artefact, cet agrégat anhistorique, pourrait participer de quelque sens que ce soit. Tout au plus leur histoire et leur spécificité sont celles des hommes qui les ont construites, comme disait Gilbert Simondon.

Je voudrais, pour terminer, synthétiser ma pensée en citant quelques lignes extraites d'un manifeste, *More Geometrico*, que Jean-Yves Girard et moi-même avons écrit en 2002 :

> Le défi, pour nous monistes, est dans la contingence historique de l'évolution du vivant, jusqu'à son épiphénomène majeur, la pensée humaine ; dans ce cerveau – certes fini et matériel mais corrélé au monde, aux autres, par le geste, le langage, et qui ne fonctionne que dans son écosystème préféré, le crâne d'un homme vivant et vivant dans l'histoire commune. La pensée, bien que résultat de ce matériel, dépendante de lui, flotte en dehors des cerveaux, entre les cerveaux, elle survit dans l'histoire, elle se stabilise ou change, grâce à l'interaction à l'intérieur de notre communauté communicante. Et c'est dans cette communauté que se constituent les concepts et que l'on propose les structures des mathématiques. Une généalogie de concepts et de structures qui commence en fait avec l'action de l'amibe dans l'espace, avec le regard du prédateur anticipant la trajectoire de sa proie... Une pratique et une mémoire abstraites quoique précédant le langage, et qui se rendent autonomes quand on franchit ce mur irréversible du langage, de la culture symbolique.

Voilà, c'est dans ce contexte qu'il faut intégrer le résultat le plus récent de notre invention symbolique, l'ordinateur digital et ses avatars. Mais nous saurons le faire uniquement si nous gardons une distance, si nous reconnaissons l'humain dans son histoire, évolutive et biologique, intégré dans son organicité et sa communauté communicante, qui sont le lieu de la construction du sens, sans lequel aucune action sur le monde n'est possible sans être destructrice. L'idée de « champ biologique » développée ici, avec sa propriété de « capture », et la distinction « intensif/extensif » ne sont pas seulement des outils pour comprendre l'humain ou le vivant. Elles ouvrent aussi un projet de travail pour que ces machines ne soient pas des instruments de dispersion, de fragmentation et de « dislocation » de l'humain, de perte de sens dans notre rapport au monde, mais pour qu'elles soient subordonnées à notre humanité, pour que cette dernière puisse les capturer et s'en enrichir. Un nouveau regard sur l'objet technique qui peut aussi nous aider à inventer de nouvelles machines...

Notes de fin

PRÉFACE

1. Voir, par exemple, *Résister, c'est créer*, avec Florence Aubenas, Paris, La Découverte, 2002.
2. *Pour une nouvelle radicalité*, avec Dardo Scavino, Paris, La Découverte, 1997.

INTRODUCTION. IL Y A DES CORPS

1. Michel Foucault, *Les Mots et les Choses*, Paris, Gallimard, 1966. Par « hypermodernité », il faut entendre une ère qui ne succède pas à la modernité mais qui la prolonge, en exacerbant ses logiques.
2. Les algorithmes qui vont bientôt répondre à nos courriels à notre place ; les robots partenaires sexuels qui vont, prétendument, pallier nos frustrations...
3. Emmanuel Kant, *Critique de la Raison pure*, Paris, Flammarion, GF, 2001, p. 98-99.
4. Miguel Benasayag, *Cerveau augmenté, homme diminué*, Paris, La Découverte, 2016.
5. Claude Bernard, *Introduction à l'étude de la médecine expérimentale*, 1865.
6. *Id.*

CHAPITRE PREMIER. PAR-DELÀ MÉCANICISME ET VITALISME, LA DIFFÉRENCE RADICALE ENTRE UN ORGANISME ET UN ARTEFACT

1. Un des ouvrages phares de ce courant, *La Mort de la mort* (Paris, J.-C. Lattès, 2011) de Laurent Alexandre, prouve au passage que le ridicule ne tue pas...

2. Voir, par exemple, Quentin Meillassoux, *Après la finitude. Essai sur la nécessité de la contingence*, Paris, Seuil, 2012.
3. Baruch Spinoza, *Éthique*, proposition IV.
4. Cette déterritorialisation ne pouvant jamais être totale, notre problème consiste aujourd'hui à déterminer quel sera le mode de territorialisation que nous serons capables de produire pour le monde digital.
5. Miguel Benasayag et Pierre-Henri Gouyon, *Fabriquer le vivant ? Ce que nous apprennent les sciences de la vie pour penser les défis de notre époque*, Paris, La Découverte, 2012.
6. Richard Dawkins, *Le Gène égoïste*, Paris, Odile Jacob, 1976.
7. Éric Briys, *D'or et d'airain. Penser, cliquer, agir*, Paris, Les Belles Lettres, 2017.
8. On pourra se reporter dans ce domaine aux recherches du biologiste italien Stefano Mancuso.
9. « En physique, l'espace des phases est un espace abstrait dont les coordonnées sont les variables dynamiques du système étudié. » (*Wikipédia*)
10. Miguel Benasayag, *La Fragilité*, Paris, La Découverte, 2007.
11. Miguel Benasayag, *La Clinique du mal-être*, avec Angélique Del Rey, Paris, La Découverte, 2015.
12. « [...] de même que pour un biologiste actuel il n'y a plus d'exception ontologique du vivant mais "seulement" un saut dans la complexité de mécanismes macromoléculaires ; de même que pour un cognitiviste actuel il n'y a déjà pratiquement plus d'exception ontologique de la conscience mais "seulement" des propriétés naturelles d'un certain type de certains systèmes de traitement de l'information ; de même si nous suivons le chemin des "sciences hayekiennes" de la main invisible et du sens commun, il n'y aura bientôt plus d'exception ontologique de l'humain (du symbolique et du social), mais "seulement" un autre saut dans la complexité des mécanismes informationnels et organisationnels. » Jean Petitot, *Modèles formels de la « main invisible » : de Hayek à la théorie des jeux évolutionnistes*, Paris, CREA, Séminaire d'histoire du libéralisme en Europe, Brochure n° 10, avril 2003.

CHAPITRE II. TROIS MODES D'EXISTENCE

1. Cf. Francisco Varela, *Autonomie et connaissance. Essai sur le vivant*, Paris, Seuil, 1989.
2. « Admettons alors que l'idée selon laquelle on pourrait imaginer non seulement le voyage par train ou en avion, mais aussi par télégraphe, n'est pas absurde en soi, si loin qu'elle doive être de sa réalisation. » Norbert Wiener, *Cybernétique et société*, Paris, Seuil, « Points Science », 2014 [1954], p. 131.
3. Voir, notamment, *Les Origines animales de la culture*, Paris, Flammarion, 2001.

CHAPITRE III. LES DYNAMIQUES DU MAMOTRETO I
POUR UN NOUVEAU MODÈLE ORGANIQUE

1. Francis Bailly et Giuseppe Longo, « Causalités et symétries dans les sciences de la nature. Le continu et le discret mathématiques », in Jean-Baptiste Joinet (dir.), *Logique, dynamique et cognition*, Paris, Presses de la Sorbonne, 2007.
2. Miguel Benasayag et Pierre-Henri Gouyon, *Fabriquer le vivant ?*, *op. cit.*
3. Se reporter, notamment, aux derniers travaux sur les rapports entre la flore bactérienne intestinale et les processus psychiques de pensée.

CHAPITRE IV. LES DYNAMIQUES DU MAMOTRETO II
DÉCOUPAGE ET DISCRÉTISATION

1. Voir, par exemple, Alain Badiou, *L'Être et l'Événement*, Paris, Seuil, 1988 ; Christian Jambet et Guy Lardreau, *Le Monde*, Paris, Grasset, 1978.
2. Miguel Benasayag, *Connaître est agir*, avec Angélique del Rey, Paris, La Découverte, 2006.
3. Gilbert Simondon, *L'Individuation psychique et collective*, Paris, Aubier, 1989, p. 273-274.

CHAPITRE V. LA DOUBLE CONTRAINTE, UN PRINCIPE D'ORGANICITÉ

1. L'article est disponible en ligne : http://www.formes-symboliques.org/IMG/pdf/doc-52.pdf.
2. Gilbert Simondon, *L'Individuation psychique et collective*, *op. cit.*

CONCLUSION. LE PROBLÈME N'EST PAS DANS LA TECHNIQUE

1. Michel Foucault, « Qu'est-ce qu'un auteur ? », *Dits et écrits*, 1954-1988, t. III, texte n° 258, Paris, Gallimard, 1994.
2. Voir Miguel Benasayag, *Le Mythe de l'individu*, Paris, La Découverte, 2004.

PROLONGEMENT.
ÉLOGE DE LA LIGNE : VERS DE NOUVEAUX CONTOURS POUR L'HUMAIN

1. Jean-Pierre Dupuy, *Pour un catastrophisme éclairé. Quand l'impossible est certain*, Paris, Seuil, « Points Essais », 2004.

2. Clarisse Herrenschmidt, *Les Trois Écritures. Langue, nombre, code*, Paris, Gallimard, « Bibliothèque des Sciences humaines », 2007.
3. « La méthode axiomatique est un mode d'exposition des sciences exactes fondé sur des propositions admises sans démonstration et nettement formulées et des raisonnements rigoureux. » (Georges Glaeser, « axiomatiques », *Encyclopædia Universalis* [en ligne].
4. L'exaptation est une adaptation sélective opportuniste : certains caractères déjà présents remplissent une nouvelle fonction pour laquelle ils n'avaient pas été initialement sélectionnés.
« L'évolution ne tire pas ses nouveautés du néant. Elle travaille sur ce qui existe déjà. [...] La sélection naturelle opère à la manière non d'un ingénieur, mais d'un bricoleur ; un bricoleur qui ne sait pas encore ce qu'il va produire, mais récupère tout ce qui lui tombe sous la main. » (François Jacob, *Le Jeu des possibles*, Paris, Fayard, 1981).

Remerciements

Je dois remercier trois personnes qui m'ont aidé à penser et à produire ce petit livre.

Tout d'abord, mon très bon ami Giuseppe Longo, de qui j'ai tant appris et avec qui j'ai commencé, depuis quelques années, un travail commun dont cet ouvrage est, je l'espère, le premier produit.

Angélique del Rey, qui m'a beaucoup aidé, comme toujours, grâce à sa grande « fertilité » – pas seulement intellectuelle –, occasionnant un bruit de fond qui a mis au défi ma motivation pour écrire.

Merci également pour son grand travail à Bastien Cany, qui m'a aussi montré qu'à tout âge nous pouvions nous faire « un ami de toute la vie ».

Finalement, comme les trois mousquetaires qui étaient quatre, merci à Jean-Michel Besnier, pour ce qu'il a écrit ainsi que pour la confiance et la patience dont il a fait preuve. Ainsi qu'à ses deux magnifiques gardes du corps, Sophie Bancquart et Cécile Martin.

Table des matières

Cet ouvrage a été composé par IGS-CP

Imprimé en France
par DUPLIPRINT
733, rue Saint-Léonard, 53100 Mayenne
juin 2022 - N° 2974336B

DUPLIPRINT est titulaire du label imprim'vert®